インプレスR&D [NextPublishing]

New Thinking and New Ways
E-Book / Print Book

すばる望遠鏡
ソフトウェアとの熱き闘い
開発に秘められた情熱と現実

いま明かされる！

水本 好彦／佐々木 敏由紀／小杉 城治　著

残されていた記録から
解明された
迫真の

impress R&D

はじめに

　すばる望遠鏡は、ハワイ島マウナケア山の標高4139mに日本が建設した主鏡の直径が8.2mの可視と赤外線用の大型望遠鏡です。1990年代後半から口径8mを超す大型の光赤外望遠鏡が世界中で続々と13台建設されました。1999年完成のすばる望遠鏡はこの13台のうちの1つで、現在でも世界最高性能の地上望遠鏡の1台として活躍しています。

写真1　1999年7月マウナケア山頂のすばるドーム：中央の建造物の中に見えるのが望遠鏡。左上は、Keck望遠鏡のドーム（宮下曉彦撮影：国立天文台提供）

　大型望遠鏡は巨大な精密機械です。すばる望遠鏡を入れるドームは高さ43m、重量2000トン、その中に収まる望遠鏡は高さ22m、最大幅27m、可動部分の重量が550トンあります。この望遠鏡とドームが連動して、0.1秒角[1]の精度で星の動きを追尾できるのです。10階建てのビルがぐるぐる回る姿を想像してみてください。その迫力は凄いものです。また、すばる望遠鏡が持つ観測装置はいわば超高性能のデジカメです。すばる望遠鏡で撮影した天体写真を見た方も多いでしょう。NHKの開発したハ

---

1. 度、分、秒：角度の単位。分と秒は時間でも使うため、特に角度であることを明確にするため、分角、秒角などが用いられる。60秒角が1分角、60分角が1度。

イビジョンカメラをすばる望遠鏡につけて撮影された精細な夜空の動画も、NHKで何度か放送されましたので、ご覧になった方もいらっしゃると思います。

このすばる望遠鏡に関しては、精密機械としての望遠鏡本体（ハードウェア）や観測の成果について、これまでにたくさんの本やDVDなどで紹介されています。完成から20年近く経って、今さらすばる望遠鏡建設に関する本でもあるまいと思われるでしょう。しかし、本書は扱っているテーマがこれまでのものとは異なっています。この本では、これまで注目されていなかったソフトウェアを中心テーマにしています。

ソフトウェアは望遠鏡の実際の動作性能を左右するばかりでなく、望遠鏡の観測効率を決めるものです。例えば、一昔前の自動車にはクルーズコントロールという速度を一定に保つ機能くらいしかありませんでしたが、現在の自動車は電子制御の塊で、運転アシスト機能や自動運転などの技術が導入されてきています。一方、すばる望遠鏡は自動車に比べてはるかに複雑です。人が車を運転するように、簡単にすばる望遠鏡を使って観測ができるようにしているのは、ソフトウェアなのです。

すばる望遠鏡のソフトウェアの開発には数十人の人と10年近い時間がかかりました。日本で大型光学赤外線望遠鏡の建設計画が本格化したのは1990年代の初めです。それまでに、望遠鏡をどこに作るか、望遠鏡の口径を何メートルにするか喧々諤々の議論がありました。この頃、世界でもGeminiとVLTという口径8mクラスの大望遠鏡の建設計画が始まっていました。また、1980年代に登場したCCD[2]が1990年代になると、それまで天文観測の主役であった写真乾板[3]にとって代わり、望遠鏡の使い方や観測の仕方が変わりました。さらに、データ処理の方法がアナログ

2.CCD：光検出器として使用される半導体素子で電荷結合素子（Charge-Coupled Device）という。1969年の発明当初は電気信号の遅延線として研究されていた。現在は可視光からX線までの2次元イメージセンサーの主役の1つ。デジカメなどによく使われている。
3.写真乾板：ガラス板に臭化銀などの感光剤を塗ったもの。天文観測には1890年頃から利用され始めた。ガラス板の代わりにプラスチックのフィルムにしたのが写真フィルム。

4 ｜ はじめに

からデジタル方式にガラッと変わりました。そのため、データ処理のためのソフトウェアも望遠鏡開発にとって重要な要素でした。この変化の重要性にいち早く気づいたのが当時の若い研究者たちでした。彼らが中心になってすばる望遠鏡のソフトウェアの検討が始められたのです。

写真2　日立造船にて仮り組み中のすばる望遠鏡（1996年4月　三菱電機／国立天文台提供）

これらのソフトウェアを、どんな人々が、どのようにして作り上げたのか。本書では、この開発の経緯をソフトウェアの機能を織り交ぜながら紹介します。

　すばる望遠鏡の建設では膨大な資料が作成されました。それらの多くが国立天文台のすばる望遠鏡資料室に保存されています。本書ではこれらの資料を参考にしました。本書に現れる資料文献名や引用文は原文のままにしました。また、この本にはたくさんの方々のお名前が登場しますが、敬称を略させていただきました。

2018年10月　筆者一同

目次

はじめに ……………………………………………………………………… 3

第1章　天体望遠鏡の発展とソフトウェア ………………………………… 11

第2章　大型光学赤外線望遠鏡計画の時代背景 …………………………… 19
　2.1　1990年以前の世界の状況 ……………………………………………… 19
　2.2　日本の状況 ……………………………………………………………… 32

第3章　日本での光学望遠鏡制御の進展 …………………………………… 49
　3.1　188cm望遠鏡制御系の歴史 …………………………………………… 49
　3.2　188cm望遠鏡制御系のパソコンネットワークによる制御 ………… 56
　3.3　188cm SNG装置の分散処理系 ……………………………………… 61
　3.4　91cm望遠鏡制御系 …………………………………………………… 66
　3.5　赤外シミュレータの制御ソフトウェア …………………………… 74

第4章　21世紀の望遠鏡を目指して ………………………………………… 77
　4.1　すばる望遠鏡の建設が認められる ………………………………… 77
　4.2　光学天文連絡会の活動 ……………………………………………… 86
　4.3　すばる望遠鏡のためのソフトウェアをどうしよう ……………… 92
　4.4　すばるソフトウェア仕様検討会の活動 …………………………… 99

第5章　すばる計算機システム要求仕様の検討－「すか」の時代－・118
　5.1　いよいよ富士通との契約第1期（1994年2月～1996年3月）、さ
　あ基本設計を詰めましょう ……………………………………………… 118
　5.2　富士通との会議 ……………………………………………………… 119

5.3 富士通との契約第2期（1995年10月～1998年3月）⋯⋯⋯⋯ 130

5.4 望遠鏡や観測装置の製作とソフトウェア開発が同時進行⋯⋯⋯ 130

5.5 ７つもの観測装置が日本中の大学で分散開発⋯⋯⋯⋯⋯⋯⋯ 136

5.6 時間が足りない、どこから作るか⋯⋯⋯⋯⋯⋯⋯⋯⋯⋯⋯⋯ 145

5.7 大きなレビューは合宿で⋯⋯⋯⋯⋯⋯⋯⋯⋯⋯⋯⋯⋯⋯⋯⋯ 146

第6章　すばる望遠鏡の巨大データはどう扱うか？⋯⋯⋯⋯⋯⋯ 149

6.1 ハワイにも大きな計算機が必要⋯⋯⋯⋯⋯⋯⋯⋯⋯⋯⋯⋯⋯ 149

6.2 遅れて始まったデータアーカイブ：STARS⋯⋯⋯⋯⋯⋯⋯⋯ 155

6.3 残った解析システム：DASH⋯⋯⋯⋯⋯⋯⋯⋯⋯⋯⋯⋯⋯⋯ 166

第7章　ラストスパート⋯⋯⋯⋯⋯⋯⋯⋯⋯⋯⋯⋯⋯⋯⋯⋯⋯⋯ 177

7.1 ハワイ現地でのソフトウェア試験⋯⋯⋯⋯⋯⋯⋯⋯⋯⋯⋯⋯ 178

7.2 観測装置を含めた実機試験が必要⋯⋯⋯⋯⋯⋯⋯⋯⋯⋯⋯⋯ 183

7.3 試験に使える観測装置が間に合わない⋯⋯⋯⋯⋯⋯⋯⋯⋯⋯ 184

7.4 試験用観測装置がなければ作るしかない⋯⋯⋯⋯⋯⋯⋯⋯⋯ 184

7.5 準備完了⋯⋯⋯⋯⋯⋯⋯⋯⋯⋯⋯⋯⋯⋯⋯⋯⋯⋯⋯⋯⋯⋯ 189

7.6 エンジニアリングファーストライト、ちゃんと動くか⋯⋯⋯⋯ 192

7.7 ファーストライト観測装置のソフトウェア試験⋯⋯⋯⋯⋯⋯ 195

7.8 本番のアストロノミカルファーストライト⋯⋯⋯⋯⋯⋯⋯⋯ 196

7.9 エピローグ⋯⋯⋯⋯⋯⋯⋯⋯⋯⋯⋯⋯⋯⋯⋯⋯⋯⋯⋯⋯⋯ 200

付録　すばる望遠鏡観測制御システムの詳細⋯⋯⋯⋯⋯⋯⋯⋯ 203

A.0 技術的な詳細をまとめるにあたって⋯⋯⋯⋯⋯⋯⋯⋯⋯⋯⋯ 203

A.1 すばる望遠鏡の制御システム⋯⋯⋯⋯⋯⋯⋯⋯⋯⋯⋯⋯⋯⋯ 204

A.2 観測制御システム⋯⋯⋯⋯⋯⋯⋯⋯⋯⋯⋯⋯⋯⋯⋯⋯⋯⋯ 206

A.3 望遠鏡制御ソフトウェア TSC⋯⋯⋯⋯⋯⋯⋯⋯⋯⋯⋯⋯⋯ 214

A.4 観測装置の制御システム⋯⋯⋯⋯⋯⋯⋯⋯⋯⋯⋯⋯⋯⋯⋯ 223

A.5　観測手順の最適化の試み‑スケジューラ開発話 ……………… 232

謝辞 ……………………………………………………………………… 243

著者紹介 ………………………………………………………………… 245

第1章　天体望遠鏡の発展とソフトウェア

■天体望遠鏡の創始者はガリレオ

　天文観測用の望遠鏡の歴史は、1609年にガリレオが凸レンズと凹レンズを組み合わせて屈折望遠鏡を作り、木星の4大衛星（ガリレオ衛星）などを発見したのが始まりだといわれています。現在主に使われているのは反射式望遠鏡で、ニュートンが1670年頃に発明しましたが、ニュートンがそれを使って天体観測をしたかどうかはわかりません。宇宙からの微弱な光を集めるには望遠鏡の口径が大きいほど有利なので、18世紀になると、天体望遠鏡はどんどん大きなものが作られるようになりました。重くて大きな望遠鏡で星を観測するには望遠鏡を載せる架台が必要です。望遠鏡を思った通りの方向に向けることは、一般に直交する2軸の周りの回転で可能になります。そこで登場したのが重い望遠鏡を支えられ、しかも望遠鏡を任意の方向に向けることができ、星の位置を決めるために方位角と天頂角[1]を簡単に測定できる経緯儀です。

■経緯儀とは何か？

　向きを固定した望遠鏡で星を見ていると、すぐに視野から星が外れてしまいます。それは地球の自転による日周運動が原因です。日周運動の追尾には、方位角と天頂角の両方を動かす必要があります。当初は人力で望遠鏡を動かしていました。大きくて重い望遠鏡を人手で正確に動かすのは大変な苦労だったはずです。経緯儀では垂直軸と水平軸の周りの

---

1. 方位角／高度角／天頂角：方位角は、東西南北の方向を示す角度で、北から東回りに測った角度のこと。北が0度で、東が90度／高度角は、水平面からの高さを示す角度（仰角）のこと。水平面が0度で、真上（天頂）が90度／天頂角は、90度−高度角、真上（天頂）からの低さを示す角度のこと。天頂が0度で、水平面が90度。真下（地球の中心方向）が180度。

回転によって星を視野の中にとどめておくことができますが、困ったことに望遠鏡に対して星と一緒に視野が回転します。人間の眼で直接天体望遠鏡を覗いてスケッチをする時代には、視野の回転は大きな問題ではなかったでしょう。視野が回転しても、人間はスケッチをするときに頭の中で回転を補正できるからです。

　19世紀になって写真が発明されると、望遠鏡による天体観測に写真乾板が使われるようになります。肉眼と違って写真乾板は何時間にもわたる露出によって非常に暗い天体も検出できますが、露出中に視野が回転しては使えません。そのためには視野回転と逆方向にカメラを回転させる必要があります。経緯儀で天体を追尾しながら、さらに視野の回転にあわせてカメラを回転させるのは容易なことではありません。それを解決するのが赤道儀です。

■経緯儀の難点を解決した赤道儀

　赤道儀は原理的には経緯儀の垂直軸を地球の回転軸と平行になるように傾けたものです。地球の回転軸と平行な軸を極軸といいます。極軸の周りに望遠鏡を地球の自転と逆方向に回転すると日周運動を打ち消すことができます。経緯儀の3軸（垂直軸、水平軸、視野回転軸）の周りの不等速度の回転に比べ、赤道儀は1軸の周りの定速回転（24時間に1回転）だけで済むため、機械式制御で高精度の天体追尾が可能です。そのため、ほとんどの天体望遠鏡の架台として赤道儀が採用されるようになりました。望遠鏡の大口径化は1948年に完成したパロマー天文台の口径5.08mヘール望遠鏡で頂点に達しました。大型の天体望遠鏡は精密光学装置であるばかりでなく、大重量の精密機械であり、当時の最先端技術の粋を集めたものです。反射望遠鏡の主鏡はガラスで作られています。主鏡を大きくすると、自重で歪まないように厚くしなければなりません。すると主鏡の重さが、口径のほぼ3乗で増加しますから、大口径の望遠鏡を

作るのは大変なのです。ヘール望遠鏡の主鏡はハニカム構造[2]にして重量を軽くしていますが、それでも14.5トンあります。

■コンピューター制御の天体望遠鏡の登場

1970年代には、集光力を上げるのではなく望遠鏡の精度の向上に力点を置いて、ヘール望遠鏡より口径が小さい4mクラスの赤道儀式天体望遠鏡が世界で6台作られました。ヘール望遠鏡より口径が大きいのは1976年に完成したソ連の口径6.05mのBTA-6m望遠鏡です。この望遠鏡は黒海のソチから約140km東のコーカサス地方チェレンチュクスカヤの標高2070mにあります。これには赤道儀でなく経緯儀が採用されました。機械式制御に代わり、コンピューター制御によって経緯儀の3軸不等速駆動ができるようになったのと、赤道儀でこの重量を扱うのが困難だったことが動機だろうと思われます。ちなみに、1970年代に完成した4mクラスの望遠鏡の主鏡重量は15トン程度ですが、BTA-6m望遠鏡の主鏡重量は42トンもあります。BTA-6m望遠鏡が世界で初めてのコンピューター制御による経緯儀です[3]。

残念ながらBTA-6m望遠鏡は地形的な問題や技術的な問題のために当初の性能が出ず、目立った成果を上げていません。経緯儀制御の難しさも一因であるといわれています。

■観測データのデジタル化による変革

肉眼に代わって登場した写真乾板は、長時間露出によって肉眼では見えない暗い天体まで正確に記録できるため、20世紀前半は2次元の光検出器の主役でした。しかし、現像処理が必要で、写真乾板に写る像の黒さとあたった光の明るさの関係も非線形で単純ではありませんでした。

---

2. 蜂の巣のように、正六角柱を隙間なく並べることによって、強度を保ちながら重量を軽くするための構造。

3. 完全コンピューター制御の赤道儀は1974年に完成したオーストラリア天文台の3.9mアングロオーストラリアン望遠鏡（AAT）が世界で最初。

この写真乾板に写った黒化度を光電管で計測するマイクロフォトメータが登場すると、観測データはアナログデータからデジタルデータに様変わりします。この観測データのデジタル化がコンピューターによるデータ処理を急速に発展させました。20世紀前半の電子技術は真空管の全盛期でした。光電管よりもずっと感度がよい光電子増倍管も作られました。光電子増倍管は天体ニュートリノを観測した東京大学宇宙線研究所のカミオカンデで有名になりましたが、光子1つひとつを検出できるものまであります。写真乾板の代わりに、この光電子増倍管を望遠鏡に取りつけて、個々の天体の明るさを電気信号として直接測定する測光観測もおこなわれました。

■写真乾板からCCDへ

1950年代にトランジスターが登場すると、電子技術の中心は半導体素子になりました。光検出器も例外でなくフォトダイオードやCCDが登場し、光の検出感度が格段に向上しました。CCDは受けた光の量と信号がほぼ比例するという性質もあり、2次元のイメージセンサーとして使われるようになりました。可視光に感度を持つCCDだけでなく、赤外線に感度を持つ2次元イメージセンサー（赤外線アレイセンサー）も登場しました。赤外線アレイセンサーは冷戦時代に宇宙からの地上観測のために開発されたもので、現在でも高感度のものは輸出入が制限されており、ときおり新聞紙上を賑わすことがあります。

1980年代になると、写真乾板に代わってCCDが撮像素子として使われるようになります。CCDの出力はデジタルデータでその処理はコンピューターによっておこなわれます。写真乾板の解析にも画像をスキャンしてデジタルデータにしてからコンピューターが使われていましたが、CCDの登場によってデータ処理の方法が大きく変わりました。望遠鏡の制御に使われていたコンピューターはデータ処理でも主要な役割を持つようになりました。受光素子としてのCCDや赤外線アレイセンサーの性

能向上によって、より暗い天体が観測できるようになると、さらに多くの光を集めるために大口径の望遠鏡が望まれます。うまくいかなかったソ連（当時）のBTA-6m望遠鏡を除けば、ヘール望遠鏡以降30年間大きくできなかった望遠鏡は、コンピューター制御による経緯儀によって大型化が可能になりました。そして、1990年代終盤に、すばる望遠鏡を始め8mクラスの光学赤外線望遠鏡[4]が相次いで完成しました。

■大型の電波望遠鏡の発展

天体観測用の望遠鏡にはもう1つ、電波望遠鏡があります。

図1.1　グリーン・バンク43m電波望遠鏡（赤道儀）（水本撮影）

この歴史は、1931年のジャンスキーによる宇宙電波の発見から始まり

---

4. 光学赤外線という場合、光学は光の波長が380nmから780nmの可視領域を指す。可視よりも波長が長く人の眼では見えない赤外線領域は大変広く750nmから1mmくらいまでの領域を指す。赤外線は地球大気で吸収されるので、地上の望遠鏡では大気を透過する780nmから2.6μmの近赤外線と8μmから14μmの中間赤外線しか見えない。地上の望遠鏡で赤外線というと、この2つの領域を指すのが普通。

図 1.2　野辺山 45m 宇宙電波望遠鏡（経緯儀）（水本提供）

ます。電波は肉眼では見えませんし、写真乾板にも写りません。電波望遠鏡では、光学赤外線望遠鏡のカメラにあたるものを受信機といいます。テレビやラジオも昔は受信機といわれていました。望遠鏡は反射式で直径が 10m を超える主鏡を持つパラボラアンテナです。当初は電波望遠鏡にも赤道儀が使われました。1965 年に完成したアメリカ電波天文台の 43m グリーン・バンク電波望遠鏡（図 1.1）は、現在でも最大口径の赤道儀で

す。日本では、1982年に同じ規模の45m野辺山宇宙電波望遠鏡（図1.2）が完成しました。アンテナ部分の重量が700トンの経緯儀です。

　図1.1のグリーン・バンク望遠鏡は頭でっかちで力学的に不安定な格好をしています。極軸の周りの回転の定速制御は単純ですが、機械的な精度を上げるのが難しかったようです。

　それに比べ、図1.2の野辺山45m望遠鏡は頭でっかちではありますが、どっしりと安定した形をしています。そのため、機械的な回転の精度がよくなります。回転の不等速度駆動の精密な制御が必須ですが、コンピューターの性能が向上したため可能になりました。

　電波望遠鏡の方が大型化が早く始まったのは、同時期にコンピューターの性能が向上し、経緯儀でも精密な追尾ができるようになったからです。電波望遠鏡の受信機の出力は電気信号なので、早い段階からデータの処理にもコンピューターが使われていました。そのため、コンピューター利用は電波天文分野の方が光学天文分野よりも早く進みました。

　このように、望遠鏡400年の歴史の中で大きなインパクトをもたらした技術は、写真乾板とCCDとコンピューターです。現在では、コンピューターは望遠鏡にとって最も重要な要素の1つです。コンピューターが機能するためには、ソフトウェアが必要であり、その善し悪しが望遠鏡の性能や信頼度を決定します。

　例えば、望遠鏡を目的の天体にすばやく向け、天体の動きに合わせて望遠鏡をなめらかに動かすのが望遠鏡制御ソフトウェアです。また、巨大なデジカメである観測装置を操作してデータを取り、直ちに画像データに変換して出力するのが観測装置制御・データ取得ソフトウェアです。こうして得られた観測画像データに写っている目的天体を詳しく調べるのがデータ解析ソフトウェアです。いくら高性能のコンピューターを使っても、その上で動くソフトウェアがまずければ、望遠鏡や観測装置が本来備えている性能を十分に引き出すことはできません。つまり、コンピューターというハードウェアだけでなく、ソフトウェアがきわめて

第1章　天体望遠鏡の発展とソフトウェア　　17

重要なのです。それにもかかわらず、ソフトウェアは機械と違って眼に見えないため、その存在自体が忘れられがちです。

　これ以降の章で、すばる望遠鏡のソフトウェアがどのような人々によってどのように作られてきたのか、その開発の歴史を残されている資料や記録を元に紹介いたします。

第2章　大型光学赤外線望遠鏡計画の時代背景

　大規模な科学プロジェクトでは計画から実現まで、非常に長い時間がかかります。例えば、科学衛星の開発では10年近くかかることもまれではありません。大きな望遠鏡になると、計画立案と基礎開発に10年、建設に10年、計20年以上の歳月を要します。日本では1970年代に外国で4mクラスの望遠鏡の建設が始まったのを見て大望遠鏡の検討が始まりました。これが大型光学赤外線望遠鏡（JNLT）計画にまとまったのが1980年代後半です。1991年にすばる望遠鏡として建設が始まり、1999年にファーストライト[1]を迎えました。すばる望遠鏡がどのようにして作られてきたかを見るために1970年代からの歴史を追ってみることにしましょう。

2.1　1990年以前の世界の状況

2.1.1　4m級望遠鏡の登場：1970年代

■アメリカの科学アカデミーは10年勧告

　アメリカの科学アカデミーは10年ごとに天文学／天体物理学に関する勧告を出しています。1990年代の天文学分野の時代背景は1972年と1982年に出された勧告[2]を見るとよくわかります。前章でも述べたように、写真乾板は1970年代までは可視光の2次元検出器の主役として使われてきました。もっと暗い天体を観測するには、より大きな鏡で微弱な光をで

---

1. 望遠鏡として初めて動いたときのこと。
2. 「1970年代の天文学／天体物理学」「1980年代の天文学／天体物理学」の2つの報告書、Astronomy and Astrophysics for the 1970's, Astronomy and Astrophysics for the 1980's: Report of the Astronomy Survey Committee。

きるだけ多く集めるか、集めた光を効率よく捉える（記録する）ことが必要です。そこで注目されたのが、高い量子効率[3]を持つ電子機器の登場です。2次元画像を得られるイメージインテンシファイア[4]とテレビカメラなどが新しい検出器の候補でした。これらの機器はデータを直接コンピューターに取り込めるという利点もあります。例えば、量子効率が25倍になると、鏡の口径が5倍になったのに相当します。これは驚異的な効果です。当時最大の口径5mを持つヘール望遠鏡なら口径25mになったのと同等です。望遠鏡の建設費は鏡の直径の3乗で増加するといわれていましたから、口径25mの望遠鏡を作るにはたとえ作れたとしても莫大な費用がかかることになります。そこで1972年の報告書の「望遠鏡の口径を大きくするよりも効率の良い光検出用電子機器の開発とそれを使った観測装置を大型望遠鏡に設置することを第1優先にせよ」という勧告は当然の方向でした。しかも、望遠鏡の大型化を止めろというのではなく、建設費用の削減のために大きな単一鏡でなく小さな鏡を組み合わせた複合鏡の開発研究を進めなさい、とちゃんと将来の可能性を見据えた提言になっていることには感心させられます。

■4m望遠鏡の建設ラッシュ

　このような状況の中で1970年代には口径4mクラスの望遠鏡が続々と完成しました。1973年のキットピーク国立天文台の4mメイヨール（Mayall）望遠鏡を皮切りに1979年にかけて、セロトロロ汎米天文台のブランコ（Blanco）望遠鏡[5]がチリに、カナダ、フランス、米国の3.6m CFHT望遠鏡がハワイ島に建設されました。

　西ヨーロッパでは、ソ連を中心とする東ヨーロッパに対抗して経済的

---

3. 検出器に入射した光のうち検出できる光の割合。写真乾板は受けた光のうち1％程度しか記録できないのに比べ光電子増倍管の量子効率は25％もある。

4. イメージインテンシファイアは、像増倍管といわれ、夜間の月明かりあるいは星明かり下での暗視カメラとして開発された。

5. メイヨール望遠鏡の双子の望遠鏡。

に共同しようという大きな流れがあり、1967年には欧州共同体（EC）ができました。西ヨーロッパでは天文学の分野でも共同の流れが進んでいました。1964年にヨーロッパ南天天文台（ESO）が設立され、チリのラ・シヤ天文台には、1977年に3.6m望遠鏡が設置されました。

イギリスは、天文学の歴史の長い国でもあり、始めは独自路線を取って、オーストラリアと共同で1974年にオーストラリア天文台に3.9mアングロオーストラリア望遠鏡（AAT）、1979年にはハワイ島に3.8m赤外線望遠鏡（UKIRT）、さらに、スペインなどと共同で大西洋カナリー諸島のラ・パルマ天文台を開設しています。

2.1.2　観測の効率化を求めて

■コンピューターの利用

もう1つ重要な勧告が先の米科学アカデミーの1972年の報告書に書かれています。それを以下に引用します。

> 「もう一つの改良点は、様々な自動設定や駆動の制御と、肉眼では暗すぎたり赤すぎて見えない天体の追尾や天体導入にテレビカメラを導入することにより、望遠鏡時間をより効率的に利用できるようにすることである。」

この文章から、1970年頃の観測では望遠鏡を目的の天体の方向に向けるのは人間の肉眼を頼りにおこなっていたことがわかります。さらに、観測のための様々な設定や望遠鏡駆動制御には多くの人手を必要としていました。この準備や天体導入に手間取ると観測ができる夜の時間が少なくなってしまいます。夜の観測可能な時間に対して実際に観測している時間の割合をなるべく大きくする工夫をしなさいということです。特に準備時間がかかるのが肉眼では見えない天体の観測です。見えない天体の方向にちゃんと望遠鏡を向けるためには、目的の天体の近くにある肉眼で見える天体を目印にして見当をつけた方向に望遠鏡を向けて、ちょっ

第2章　大型光学赤外線望遠鏡計画の時代背景　21

と観測して真ん中に入っているかどうかを確認する作業を繰り返します。これには凄い手間がかかることが想像できると思います。この作業の効率化のために、テレビカメラとミニコンピューターを導入してデータ処理の時間を短縮しなさいということです。注目して欲しいのは、ミニコンピューターの有効性にいち早く着目していることです。コンピューターの利用方法の拡大はそのためのソフトウェアの開発に直結します。当時、日本ではコンピューターは大型汎用機が主流で、アメリカのDEC社製のPDP-11に対抗できるようなミニコンピューターはありませんでした。

■ソ連のBTA-6m望遠鏡

1976年に完成したソ連のBTA-6m望遠鏡に使われていた制御コンピューター（図2.1）は、当時見学に行った西村史朗によると、大きなラックに畳1畳ほどの大きさのボードが何枚も刺さったものだったそうです。これらのボード全てがコンピューターだったとは限りませんが、それに比べPDP-11/04は高さ、幅、奥行きが133 × 483 × 635mm、重さ20kgで19インチラックに収まり、リアルタイムOSを備えた画期的なものでした。

図2.1 1984年当時のBTA-6m望遠鏡用の制御コンピューター（前ページの下図）とそのコンソール（上図）（西村史朗：写真提供）

コラム　1970年代のコンピューター事情

1970年

　メインフレームでは、IBM System/370、東芝のTOSBAC-5600、三菱電機のMELCOM7000シリーズ、富士通のFACOM230シリーズ、日立のHITAC8700が発売。

　ミニコンピューター（ミニコン）では、DEC社がPDP-11を発売。沖電気がOKITAC-4500を、東芝がTOSBAC-40Aを発表。

1971年

　CDC社が、ベクトルコンピューターSTAR-100を発表。

　三菱電機が、ミニコンMELCOM70を発表。

1972年

　国産のコンピューター6社が国策で3つの連合に再編成される。

　AT&TのKernighanとRitchieがC言語を開発。

　ミニコンでは、富士通がFACOM U-200を、日立がHITAC10の後継機のHITAC10IIを発表。

1973年

　Xerox社がEthernetの特許出願。

　PDP-11で動くC言語で書かれたUNIXバージョン4誕生。

1974年

　日本電気・東芝がACOSシリーズ77。

　三菱電機・沖電気がCOSMOシリーズ。

　富士通・日立がMシリーズを発表。

1975年

　Cray Research社がCray-1を発表。

Microsoft 社設立。

ARPANET で TCP/IP プロトコルの実験開始。

日立がミニコンの HITAC20 を発表。

1977年

DEC 社が VAX-11 発表。OS は VAX/VMS を提供。

Apple Computer 社設立。Apple II を発売。

FORTRAN77 が ANSI（アメリカ国家規格協会）規格となる。

|||||||||||||||||||||||||||||||||||||||||||||||||||||||||||||||||||||||||||||||||||

2.1.3　大望遠鏡へ向けて：1980年代

■1980年代の10m望遠鏡計画

　時代が10年下って1980年代になると、米国では大きな望遠鏡への期待がいよいよ高まります。先の1982年の米科学アカデミーの報告書では、口径15mクラスの紫外線から中間赤外線までの新技術望遠鏡（NNTT）のデザイン研究に最優先で直ちに取りかかりなさいと勧告しています。同じ報告書では、1990年代を目標に重力波観測装置と紫外可視近赤外の大きな宇宙望遠鏡の開発研究を始めるように勧告しています。NNTT計画は紆余曲折を経て[6]消滅してしまいましたが、この勧告がハッブル宇宙望遠鏡の大活躍や、重力波観測所LIGOによる2015年9月の重力波の初検出につながっているのです。科学研究における長期ビジョンと根気強さの重要性を示す典型例ではないでしょうか。それに比べ、効率化の名の下に短期の成果だけを求める昨今の日本の風潮は研究者の余裕を失わせ研究レベルの凋落を招くのではないかと危惧されます。

■計算処理ソフトウェアの重要性

　話が逸れてしまったので戻しましょう。米科学アカデミーの報告書では1985年までに、主要な望遠鏡ではCCDアレイ検出器を装備するだろ

---

6. アリゾナ大学のMMT望遠鏡（Multi Mirror Telescope）とカリフォルニア大学のKeck望遠鏡につながった。

うと予想しています。10年間で地上望遠鏡と宇宙望遠鏡の観測によって
大量の天体画像が生産され、観測データの洪水が起こることを想定して、
データ処理と画像解析のためのコンピューター資源を整備することを勧
告しています。さらに、コンピューター資源を有効に使うために、よく
使われる計算処理ソフトウェアの標準化や共用の必要性までも強調して
いることに感心させられます。このような考えに至るには背景があるは
ずです。

2.1.4 天文観測衛星の登場：高エネルギー天文衛星

それは、宇宙観測衛星ではないかと思います。1970年代には、天体か
らのガンマ線やX線を観測する高エネルギー天文衛星が続々と打ち上げ
られました（表2.1参照）。

■ X線観測衛星コペルニクス

1972年にNASAとイギリスによって打ち上げられたX線観測衛星コ
ペルニクスは後のハッブル宇宙望遠鏡につながったといわれています。
1970年代の天文観測衛星はなぜ可視光や赤外線でなくX線やガンマ線な
どの高エネルギー観測用なのでしょうか。核実験監視のために1963年か
らX線、ガンマ線と中性子検出器を搭載した一連のVela衛星が打ち上げ
られました。この副産物として、宇宙からのX線やガンマ線バーストが
偶然発見されました。この観測装置を地球でなく宇宙に向ければ、技術
的には宇宙からのX線やガンマ線が観測できたのです。これが第1の理
由です。

■軌道衛星の弱点

一方、当時の軌道衛星では可視光観測に耐える天体追尾性能を実現す
ることが難しかったと思います。宇宙望遠鏡は衛星本体に固定されてお
り、望遠鏡を目的の天体に向けるには衛星本体ごと動かさなければなり

第2章　大型光学赤外線望遠鏡計画の時代背景　25

表2.1　1970年代に打ち上げられた宇宙望遠鏡

衛星名	種類	打ち上げ国	打ち上げ年
OAO-3：コペルニクス	紫外線X線観測衛星	NASAとイギリス	1972年
SAS-1：ウフル	小型天体X線全天サーベイ観測衛星	NASA	1970年
SAS-2	小型天体ガンマ線観測衛星	NASA	1972年
SAS-3	小型天体ガンマ線観測衛星	NASA	1975年
HEAO-1	大型天体X線サーベイ観測衛星	NASA	1977年
HEAO-2：アインシュタイン	X線観測衛星	NASA	1978年
HEAO-3	ガンマ線、宇宙粒子線観測衛星	NASA	1979年
Ariel-5	天体X線観測衛星	イギリスとNASA	1974年
ANS	紫外線X線観測衛星	オランダとNASA	1974年
はくちょう	X線観測衛星	日本	1979年
IUE	国際紫外線観測衛星	ESA、NASAとイギリス	1978年

ません。衛星本体はジェット噴射やリアクションホイール[7]によって姿勢を制御します。そのため、宇宙望遠鏡の解像度は、衛星の指向精度と観測装置の角度分解能の掛け合わせになります。当時衛星に搭載されていたX線やガンマ線観測装置の角度分解能は1分角程度でしたから、衛星の姿勢制御精度もその程度で良かったのでしょう。ちなみに、最初のX線撮像装置は1978年打ち上げのアインシュタイン衛星のもので角度分解能は2秒角でした。

---

7. 円盤状のコマを回してその反作用で少しずつ姿勢を回転させる装置。

■軌道衛星の観測方式

　もう1つ重要なのが観測方式です。衛星は一定の速度で自転しており観測装置もそれに従って回転しています。この回転にあわせて天球をスキャンしていく観測方法をとっていました。コピー機を想像してみてください。スキャン方式というのは棒状の光センサーを一方向に動かして帯状に画像を読み取っていく方法です。この方法では地上望遠鏡のように天体を追尾して同じ領域を長時間露出することができません。宇宙にあげられる望遠鏡の口径はあまり大きくできず、しかも長時間露出ができないので集められる光の量が稼げず、暗く遠い天体が観測できません。つまり、地上の大口径望遠鏡に比べて大きな利点がなかったのです。その結果、近赤外線と可視光の望遠鏡計画は地上望遠鏡の大型化に向かいました。それでも、なるべく良い観測条件の地を求めて建設場所は高山が選ばれることになりました。

■高エネルギー天文観測衛星の特徴

　高エネルギー天文観測衛星には地上望遠鏡と違った特徴がありました。X線やガンマ線の観測装置は主に比例計数管[8]からなる電子装置で、出力は電気信号として得られます。これだと通信で出力データを直接地上に送ることができます。もちろん、装置ごとにデータフォーマットは異なっていますし、データ処理も独自のソフトウェアを使用していましたから、検出器を作ったチームしかデータを扱うことはできませんでした。逆に言えば、高エネルギー天文学の分野では、始めからデータ処理のためのコンピューターとソフトウェアが必須だったのです。それに比べ、地上望遠鏡による観測では観測スケッチや写真乾板に写ったアナログデータは肉眼で見れば画像として認識できます。そのため、コンピューターやソフトウェアなどの特殊な道具は必要ありません。スケッチや写真乾板

---

8. 比例計数管は、放射線による気体の電離現象を利用した放射線検出装置。

第2章　大型光学赤外線望遠鏡計画の時代背景　｜　27

を借りてくれば観測した人でなくても比較的容易に使えるのです[9]。

　このように、1970年代にコンピューターが広く普及し始めたのと時を同じくして、盛んに高エネルギー天体観測衛星を打ち上げたアメリカで観測装置の電子化とコンピューターの重要性がいち早く認識されたのは当然だったのでしょう。

■地上4m級の望遠鏡の活躍

　地上では1970年代に完成した4m級の望遠鏡が多くの観測データを生み出しました。天文学の分野でも競争があります。競争を勝ち抜くには、観測からいち早く科学成果を出すことが大切です。そこで重要になるのがデータ処理の速さとデータの解釈です。ここでも観測データのデジタル化[10]とコンピューターが威力を発揮します。もう1つ、「データの解釈」では理論的な予想との比較がおこなわれます。その天体現象の予想が「紙と鉛筆」と呼ばれる解析的な手法のほかに、数値シミュレーションができるようになりました。数値シミュレーションには膨大な計算量を必要とするため、高性能なコンピューターと高度なソフトウェアが必須です。このような背景のもとに、1982年の米科学アカデミーの報告書でコンピューター資源の整備と計算処理ソフトウェアの標準化や共用の必要性が強調されたのは自然な流れだったのです。

||||||||||||||||||||||||||||||||||||||||||||||||||||||||||||||||||||||||||||||||||||||||||||
コラム　地上の大望遠鏡と宇宙望遠鏡

天体望遠鏡の性能には、

（ア）どのくらい暗い天体まで見えるか（限界等級）

（イ）どのくらい小さなものが見えるか（角度分解能）

の2つがあります。

---

9. 可視光の天文学の格段に長い歴史の中で観測データは捨てないで保管しておくという文化が育ったのは、このデータの可視性に一因があるのではないかと思われる。

10. 写真乾板に写ったアナログ像を1次元CCDなどで精密スキャンしてデジタルデータにすると、もうヒトの眼では理解するのが困難になる。

（ア）はたくさんの光を集めればよいので、望遠鏡の口径を大きくすることをまず思いつきます。（イ）は簡単にいえばくっきり見えることなので、光学系の精度を上げればよいのですが、光が波であるため、いくらでも細かなものが見えるわけではありません。その限界を回折限界といい、角度分解能（θ）は測定する光の波長（λ）と望遠鏡の口径（D）の比（$\theta = 1.22 \lambda / D$）で決まります。

例えば、すばる望遠鏡で近赤外線（2μm）で観測すれば、回折限界の星像の直径は0.06秒角となるはずです。ところが、実際には可視光では0.7秒角、赤外では0.4秒角が典型的な値です。地上の望遠鏡では光が大気中を通過するときに擾乱を受けて、ほとんど点である星の像がぼけたり揺れ動いたりすることが原因です。

これを解消するためには、望遠鏡を大気圏外に持っていけばよいのです。1946年に、アメリカのスピツァーが宇宙望遠鏡を提案したのが最初だといわれています。1957年10月にソ連がスプートニクを打ち上げ、それに対抗してアメリカが1961年にアポロ計画を開始し、1969年にはアポロ11号が月に到達しました。アポロを打ち上げたサターンロケットを開発したのが、マーシャル宇宙飛行センターです。所長のフォン・ブラウンも当時、宇宙望遠鏡を考えていたといわれています。アポロが月に到達した年に、アメリカで「大型宇宙望遠鏡の科学利用」という論文が出版されました。それを受けてか、1971年には、NASAが大型宇宙望遠鏡の予備調査にゴーを出しました。スピツァーやバーコールの努力によって、1975年には欧州宇宙機関（ESA）との協力が合意され、1977年にハッブル宇宙望遠鏡の予算がつき、計画が始まりました。

当初は1986年10月に打ち上げ予定でしたが、スペースシャトルのチャレンジャーの爆発事故が影響し、4年遅れの1990年4月にスペースシャトル、ディスカバリーで高度560kmの地球周回軌道に打ち上げられました。ハッブル宇宙望遠鏡の主鏡の口径は2.4mですが、星像の大きさは可視光で0.06秒角、近赤外線で0.2秒角です。すばる望遠鏡の星像の大きさと比べると、大気の影響がいかに大きいかがわかります。

‖‖‖

2.1.5　可視光望遠鏡がいよいよ宇宙へ

■まだ見ぬ波長での衛星観測

1980年代は宇宙望遠鏡打ち上げのラッシュでした。その中で注目したいのが、1983年にアメリカ、オランダ、イギリスが打ち上げた赤外線天文衛星IRASと、1989年に欧州宇宙機関が打ち上げた高精度位置天文衛星ヒッパルコスです。この2機が赤外線と可視光の本格的な「最初の」天文観測衛星です。IRASは地上では観測が困難な遠赤外線で全天を観測

し、赤外線全天カタログ（IRASカタログ）を作りました。ヒッパルコスは地球大気の影響を受ける地上望遠鏡では達成できない精度で10万個以上の恒星の正確な位置を決定し、ヒッパルコス星表を作りました。つまり、1980年代になると、地上の大型望遠鏡に対抗できる赤外線と可視光の宇宙望遠鏡が登場したのです。その極めつきが1986年に打ち上げ予定だったハッブル宇宙望遠鏡です。スペースシャトルチャレンジャー事故の影響で打ち上げが4年遅れの1990年になったり、打ち上げ後に主鏡の製作ミスが判明したり不運に見舞われましたが、1993年の大修理によって地上望遠鏡の性能を遥かに凌駕するものになりました。1990年代後半は、宇宙ではハッブル宇宙望遠鏡が、地上ではハワイ島のケック望遠鏡（1996年完成）が、次々と新たな発見をし、独壇場の時代でした（表2.2参照）。

表2.2　1980、90年代に打ち上げられた主な宇宙望遠鏡

衛星名	種類	打ち上げ年	打ち上げ国
アストロン	紫外、X線	1983	ソ連
IRAS	赤外線	1983	アメリカ、オランダ、イギリス
てんま	X線	1983	日本
EXOSAT	X線	1983	欧州宇宙機関
ぎんが	X線	1987	日本
Granat	X線、ガンマ線	1989	フランス、ソ連、デンマーク、ブルガリア
ヒッパルコス	位置天文	1989	欧州宇宙機関
COBE	宇宙背景放射	1989	アメリカ
ハッブル	紫外、可視、赤外	1990	アメリカ
ROSAT	ガンマ線	1990	アメリカ、ドイツ
CGRO	ガンマ線	1991	アメリカ
ISO	赤外線	1995	欧州宇宙機関

||||||||||||||||||||||||||||||||||||||||||||||||||||||||||||||||||||||||||||||||||||
コラム　ケック望遠鏡の歴史

　10m級望遠鏡の先駆けはハワイ島にあるケック（Keck）望遠鏡です。ケック望遠鏡を作っ

た Jerry Nelson によると、1977 年にカリフォルニア大学の Terry Mast と一緒に大きな単一鏡ではなく、全く新しい形の望遠鏡を作ろうじゃないかということになりました。検討の結果、安く作るために分割鏡に行き着いたということです。ローレンスバークレイ国立研究所（LBL：Lawrence Berkeley National Laboratory）で開発予算を得て試験開発、検討を重ね、36 枚分割鏡の 10m 望遠鏡のデザインができあがりました。

1979 年には、カリフォルニア大学がハワイ島のマウナケア山にこの望遠鏡を建設することにしました。このときから望遠鏡は 2 台作ることを想定していたようです。1983 年にケック財団の Howard B. Keck から 7 千万ドルの寄付の申し出があり、建設予算の目処が立ちました。1984 年には、カリフォルニア大学とカリフォルニア工科大学で協定が結ばれ、1985 年にケック望遠鏡の建設が始まりました。

1990 年には、36 枚の分割鏡のうち 9 枚を使ってファーストライト、1991 年にはさらなる寄付を得て 2 台目 Keck2 の建設を始め、ファーストライトを 1996 年に迎えました。Keck2 は補償光学（AO）の技術を使って近赤外線の回折限界の角度分解能を達成しました【注C1】。建設から 10 年で全く新しい技術の塊である 10m 望遠鏡を 2 台も完成させた底力には感服します。1996 年以降、ケック望遠鏡の快進撃が始まりました。

【注C1】詳しくは、以下参照のこと：

David Leverington, "Observatories and Telescopes of Modern Times, Ground-Based Optical and Radio Astronomy Facilities since 1945", Cambridge Univ. Press, 2017

||||||||||||||||||||||||||||||||||||||||||||||||||||||||||||||||||||||||||||||||||||||||

2.1.6　サイエンスアーカイブセンターの登場

■ハッブル宇宙望遠鏡の活躍

　ハッブル宇宙望遠鏡は、1982 年に設立された宇宙望遠鏡科学研究所（STScI）によって運用されています。STScI はアメリカ天文大学連合（AURA）が運営主体ですが、NASA の宇宙望遠鏡の運用だけでなく、膨大な天文データが洪水のごとく生まれる時代を迎え、データアーカイブと天文データの世界への発信やデータ処理ソフトウェアの開発にも力を注いでいます。

1990年には、世界の高エネルギー天文衛星[11]の観測データを保存し、処理済み観測データをデータ処理ソフトウェアとあわせて世界の研究者に公開することを目的にした組織がNASAのゴダード宇宙飛行センターに設立されました。それが高エネルギー天文科学アーカイブ研究センター（HEASARC）です。

■データアーカイブセンターの役割

　このSTScIとHEASARCに共通するのは、自分たちの観測データを世界に提供することです。長い歴史を持つ天文観測は20世紀後半に入って可視光だけでなく電波からガンマ線まで電磁波のあらゆる領域に広がりました。異なった波長で宇宙を見ると、これまで人類が可視光で見てきた宇宙と全く別な姿が見えてきました。それを統一的に理解しようとすると、いろいろな波長の観測データを一緒に研究する必要があります。観測データを世界中で共有することが天文学の発展に極めて重要なのです。それを可能にするのがサイエンスアーカイブセンターです。そこでは、観測データを処理解析するためのソフトウェアだけでなく、観測データを較正し標準形式に変換した「処理済みデータ」や、さらにそれらを解析していろいろな物理量を抽出したカタログデータなどを作成し、公開しています。もちろん、STScIなどで観測データを用いた最先端の研究が独自に進められているのはいうまでもありません。

2.2　日本の状況

2.2.1　1990年以前の日本の状況

■岡山にイギリス製188cmと日本製91cmの望遠鏡を設置

　日本における本格的な光学望遠鏡は、1960年に岡山県竹林寺山（標高

---

11. アメリカのものが中心だが、高エネルギー天文衛星は国際協力のものが多く、ヨーロッパや日本のものでもNASAが関与しているものがほとんど。

372メートル）の岡山天体物理観測所（以下、岡山観測所と記す）に設置された74インチ（188cm）反射望遠鏡です。これはイギリスのグラブ・パーソンズ社から購入したもので、世界に同じものが3台あります。カナダのトロントとエジプトのコッタミア天文台です。このほかに、同社製の同じ口径のものがオーストラリア、フランスと南アフリカにあります。この望遠鏡は1960年当時では世界で7番目に大きな口径で、日本も漸く世界と競争できる装置を持つようになったのです。188cm望遠鏡については、3.1節で詳しく紹介します。当時の日本にはこの大きさの光学望遠鏡を作る技術がありませんでした。日本も独自に大きな望遠鏡を作る技術を育てなければならないということで、1960年に日本光学工業（現在のニコン）製の91cm反射赤道儀（フォーク式架台）を岡山観測所に、1962年に同社製91cm反射赤道儀（イギリス式架台）を東京天文台堂平観測所に設置しました。1974年には同社製105cmシュミット望遠鏡が完成し、東京天文台木曽観測所が開設されました。この頃世界では2.1.1項で述べたように4m級の望遠鏡が続々と動き始めました。日本の光学望遠鏡の技術は周回遅れだったのです。

■岡山188cm望遠鏡の状況

　1960年に岡山観測所が発足し、研究施設のほかに観測者が寝泊まりする宿舎、食堂も設置されました。日本でも188cm望遠鏡によって本格的な可視光の天文観測ができるようになったのです。これを機に観測天文学者も増え始めました。

　東京大学東京天文台の天文研究者が分光観測や撮像観測に岡山の188cm望遠鏡を利用していました。観測は数日から一週間程度の観測プログラムを1年ごとに割り振って実行しました。東京大学以外の天文学研究者も使えるようになると、観測時間の割り振りが混み合ってきました。1981年の報告では、188cm望遠鏡の観測申込みは有効観測時間の2倍でした。その後、3倍近くと過密状態となり、観測装置の開発のための試験時間や

日常の故障対処の時間確保も困難になりました。

　一方、海外では1970年代にはすでに口径4m望遠鏡が続々と動き始めていました。口径で劣る望遠鏡で対抗するには、観測時間を長くする必要があります。しかし、たった1つの望遠鏡では観測時間の配分が限界に達していたのです。

　日本では大型の電波望遠鏡建設計画が優先で進んでいましたから、1970年代には大きな光赤外望遠鏡が欲しくても、建設要求は順番待ちだったのです。

■ともかく次期望遠鏡の検討は進めよう

　結成時期は定かではありませんが1950年代から、東京大学の鏑木政岐を中心に銀河天文学を目指す天文研究者の恒星天文会議（SAM）という研究者組織がありました。そこでは、銀河を観測するために、銀河の大きさをカバーする視野の広い望遠鏡の検討がおこなわれました。銀河の周辺は暗いので、暗い天体が観測できる夜空の暗い望遠鏡設置サイトを探しました。その結果、1974年に木曽観測所が設立され、105cmシュミット望遠鏡が設置されました。

　また、赤外線観測では京都大学により1.05m赤外線望遠鏡が1973年に長野県上松町に設置され、赤外線観測装置の製作と赤外線観測がおこなわれました。

　恒星大気の研究や銀河内部の回転やその後退速度を測定するには、分光観測を主体とする観測が必要です。岡山観測所ができて10年が経った1970年代になると、世界では4m級の大口径望遠鏡が動き始めました。微光天体の分光観測に対して岡山観測所の口径188cmは中口径に過ぎなくなり、国際競争力が急激に低下しました。

　そこで、観測所長の山下泰正や岡山現地の清水実を中心に188cm望遠鏡の2倍の口径を持つ3.5m級望遠鏡の検討が始まりました。岡山観測所の機能拡張・更新という考えを基に始められ、第0次の叩き台として岡

34　　第2章　大型光学赤外線望遠鏡計画の時代背景

山周辺の市街光を避けた適地に3.5m級の従来型の光学望遠鏡を建設する案が検討されました。岡山観測所を中心とする東京大学・東京天文台の関係者は、3.5m級望遠鏡の技術的検討と、岡山・広島地方の建設適地の調査に乗り出しました。また、京都大学の赤外線グループでは、観測条件の良い海外に赤外線望遠鏡を作る構想を描き始めました。

　このような取り組みに対して、当時の天文学界内から、1）東京大学以外での建設推進、2）日本列島よりも観測条件の優れた海外適地に建設、3）従来型を超える新技術の望遠鏡の構想、4）赤外線での観測も可能とする光学赤外線望遠鏡にする、5）諸外国の3.5m級を超える口径5m以上にするべきである、等の批判が出ました。

　日本の天文学界が当時置かれていた技術的・予算的・政治的状況からして、安全サイドの「国内中口径」を選ぶか、冒険サイドの「海外大口径」を決断するかが、将来を左右する大きな選択枝となっていました。

■45mミリ波野辺山電波望遠鏡

　天文学の分野では1978年に45mミリ波野辺山宇宙電波望遠鏡の建設予算が認められました。これは巨大なパラボラアンテナ[12]（図1.2参照）で経緯儀です。三菱電機と富士通の共同企業体が受注して1981年に完成しました。ここで注目したいのが、アンテナメーカーと計算機メーカーが共同企業体を組んでいることです。巨大なパラボラアンテナ経緯儀の精密駆動制御や受信機[13]からのデータ取得でコンピューターの役割が大きいことを象徴しています。1970年代初期の日本はコンピューターだけをみればハードウェアは何とかアメリカを追いかけていましたが、OSなどのソフトウェアはアメリカの真似から脱し切れていない時代でした。45m電波望遠鏡が建設された1970年代後期でも、コンピューターを使い

---

12. 長野県のJR野辺山駅に降り立つと巨大なパラボラアンテナが林の向こうにそびえ立っている。図1.2は1985年当時のものである。水本が初めて見たときはSFの世界のようでその景色に圧倒された。

13. 電波望遠鏡では観測装置のことを受信機と呼ぶ。

こなすにはコンピューターメーカーの技術が必要だったのだと思います。

■次は光学赤外線望遠鏡計画だ。気合いを入れて準備しよう。

　45m電波望遠鏡の建設予算が認められると、次は光赤外分野の将来計画の番だということで、大型光学赤外線望遠鏡の検討が本格的に始まりました。東京大学天文学教室助教授の小平桂一によって天文学の将来計画についてのアンケートが国内の天文学研究者に対しておこなわれました。光学赤外線望遠鏡計画が本格的に始動[14]した時期です。また、言い伝えによると、1978年の日本天文学会春期年会の開催中に、45m電波望遠鏡の建設リーダーの一人である海部宣男が光赤外分野の若手研究者に「電波の次は光赤外分野が将来計画を立てる番だ」と檄を飛ばしたのがきっかけとなって、安藤裕康と佐藤修二[15]が中心となって若手中心の検討が始まったそうです。機が熟すというのはこういうことなのでしょう。これらの動きが1つになって、10年がかりの大型光学赤外線望遠鏡の計画が始まりました。

2.2.2　国内3.5m望遠鏡案からハワイ大型望遠鏡へ

　その中で、1978年に野辺山宇宙電波観測所の大型施設建設の予算が認められ、行政的にも、次期光学望遠鏡計画を固めるべきタイミングが迫ってきていました。

■光学天文連絡会の結成を経てさらに進もう

　1980年末には、SAMの経験を踏まえて、188cm望遠鏡の次の望遠鏡建設を推進するために日本中の関連する研究者と技術者が集まって光学天文連絡会（光天連）が結成されました。検討の上まとまった望遠鏡建

---

14. このあたりの事情については野口邦男氏による「すばる計画黎明期を築いた人々」に詳しく述べられている。

15. 当時、安藤は東京天文台、佐藤は京都大学物理学第2教室所属、二人とも30歳代前半だった。

36　　第2章　大型光学赤外線望遠鏡計画の時代背景

設案は、1）国内3～3.5m経緯儀（東京天文台、東京大学が主体）、2）海外中口径2m（京都大学が主体）、さらに、3）将来の海外設置の新技術望遠鏡（全国の天文研究者共同で実施）の3本柱案でした。いわば東の東京大学・東京天文台と西の京都大学の計画の折衷案でした。赤外線観測には、空の暗さが必須であり、2）の京大計画は赤外線観測が重点で、海外設置となっていました。1982年にこの3本柱案を進めるように光天連から東京天文台長へ要請もされました。

■磯部琇三による望遠鏡建設の国際的調査

　その間に、東京天文台の磯部琇三は海外の天文研究者を訪問して様々な項目の調査をしました（表2.3）。

表2.3　磯部琇三訪問天文台リスト（「光天連会報6号　1981-06-24」より転載）

訪問地	訪問者	調査内容
カリフォルニア大学 （バークレー）	J. Nelson	分割鏡
リック天文台	R. Muller	検出器
テキサス大学 （オースチン）	H. Smith	7m望遠鏡
	R. Nather	単体鏡
キットピーク国立天文台 （ツーソン）	D. Hall	15m望遠鏡研究者
	L. Barr	15m望遠鏡技術者
	G. Burbidge	所長
アリゾナ大学(ツーソン)	R. Angel	ハニカム鏡
スターンオルテ天文台 （ハイデルベルグ）	I.Appenzellar	経緯儀台
MPIFA（ハイデルベルグ）	H. Elsasser	カラアルト天文台計画
ツアイス(オーバーコヘン)	C. Kuhne	3.5m望遠鏡
ESO　（ガーヒング）	L. Woltjer	3.5m望遠鏡

磯部は訪問調査の過程でわかった当時の海外の大型望遠鏡計画を紹介しています。ヨーロッパ南天天文台（ESO）では、15m望遠鏡で経緯儀架台（アルト－アジマス架台）、あるいは、アルト－アルト架台が計画されています（この計画は、現在のVLT）。アメリカでの大型望遠鏡計画は、カリフォルニアの10m望遠鏡プロジェクト（今ではケック望遠鏡になっている）、テキサス大学の7m望遠鏡プロジェクト（予算確保できず途中で終了）、アリゾナ大学の15m望遠鏡プロジェクト（今では6.5mハニカム鏡のマグナム望遠鏡（MMT）や8.4mハニカム主鏡の2台が組み合わされている大双眼望遠鏡（LBT）となっている）、キットピーク国立天文台（KPNO）の15m望遠鏡プロジェクト（ハワイとチリのジェミニ望遠鏡になっている）です。海外の大型望遠鏡計画の進展を横目に見ながら、日本でも議論、検討を進めました。

■光天連3本柱案は頓挫

　3本柱案を進展させるには、国内3m経緯儀と海外中口径の必然性を強調しないと海外中口径は無理だろうとの指摘もあり、宣伝の充実や推進体制の確立検討も議論されました。

　1982年には、天文学の将来計画を決定する日本学術会議天文学研究連絡委員会（天文研連）に3本柱案を申し入れました。しかし、1983年での天文研連での評価は低く、「シーイングの良い海外に2m、シーイングの悪い国内に3m、となるのは何故か？」、「比較的少数スタッフの京都大学が中口径赤外線望遠鏡を海外に出せるなら、何故東京天文台で大きなものを出さないのか?」、「光天連の計画は充分な将来計画になっていない。海外と国内の2本の望遠鏡の関係がはっきりしない」などの批判がありました。光天連としては3本柱案の撤回が迫られ、再検討が求められました。光天連委員長の小暮智一（京都大学）は「苦悩の年」と言い表しています。

■海外大型望遠鏡設置の機運

1981年から東京天文台長になっていた古在由秀は、海外設置や経緯儀式望遠鏡は受け入れる方向性を示しており、大型望遠鏡計画を推進するために東京大学から東京天文台に移ってきた小平桂一もあらゆる可能性を考慮していたと思われます。文部省（現在の文部科学省）と相談をした際には、海外設置の大型望遠鏡案には否定的な回答はなく、全国的な計画として進めて欲しいとのことでした。同時期に東京天文台から国立研究所への組織替えの話があり、財政的にも多くの財源を必要とする巨大プロジェクトも進められる状況になってきました。

1984年に日本学術会議天文学研究連絡委員会が大型光学赤外線望遠鏡計画の推進を採択しました。1984年10月からは東京大学東京天文台として技術的な調査検討が開始され、1986年2月には技術調査経過報告書が東京天文台望遠鏡ワーキンググループによってまとめられました（第4章の図4.1左を参照）。この検討内容を以下に紹介しましょう。

■技術検討が始まる

大型望遠鏡の国内設置と海外設置のタイムスケールがほぼ同じようになってきたことと、天文研究機関の再編成により状況が変化したことを考慮して、1983年から海外望遠鏡案の検討を開始し、単一鏡（Single Dish Telescope、SDT）4mと7m Multi-Mirror Telescope（MMT、口径3.5mを4台連装）の検討を進めました。ハワイ・マウナケア山を候補地として調査しました。マウナケア山は海抜4205mであり、晴天率の高い天体観測に適したサイトです（図2.2）。

同時に東京天文台内に、望遠鏡検討の作業部会、機械系検討の作業部会、光学系検討の作業部会を設置し、詳細な技術検討を進めました。1984年に予算要求を出せるように詰めた議論をしましたが、なかなか望遠鏡デザインの決着はつきませんでした。そこで、光天連望遠鏡計画案作成会から、若手の4人の天文研究者（磯部琇三、舞原俊憲、安藤裕康、岡

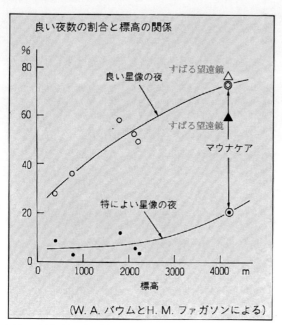

図2.2 星像が良い夜の割合は、設置サイトの高さによって異なる（カラー版すばる計画書1985から転載、シンボルなどを改変）：ハワイのマウナケア山は4205mなので、星像良い夜の割合が高いサイト。この予想図では、雲が全くなく安定した大気状態の夜（測光夜）が20％、雲が少しはあるが、通常の撮像観測やスペクトル観測に影響しない夜（晴天夜）が70％の推定となっている。すばる望遠鏡での実測では、測光夜が60％で、晴天夜が75％です。それぞれ▲印と△印で示している。

村定矩）で予備調査班を作り、SDT 4mとMMT 7mの比較検討をおこない、大型望遠鏡計画案の作成を依頼しました。予備調査班からは、1984年2月に大型望遠鏡計画の提案がありました。

> 「解像力のある赤外線を中心としたできる限り広視野の観測により、銀河および星の形成過程にある微光天体を研究するために口径5m以上のSingle Dish Telescopeを建設する」

銀河研究の上では、赤方偏移[16]z≧3にある銀河は20等星前後の明るさであり、口径5m望遠鏡であれば、フィルターバンド幅[17]が10nm（nmは1μmの1000分の1）で、1時間の露出で0.1％測光が可能となります。マウナケア山では、シーイングが500nmで0.3秒角、5μmで0.1秒角が得られるので、銀河微細構造ばかりでなく、原始星の構造も明らかにできることとなります。比較的広視野により、銀河団や銀河、星団を多数調べて全体的な性質を解明することもできます。マウナケア山に既設の望遠鏡と比べて性能を突出するために、できれば7mクラスで解像度0.1秒角を目指すこととなりました。そこで、大型望遠鏡ということでJNLT（Japan National Large Telescope）と呼ばれるようになりました。JNLT計画を一般の方々に宣伝するためにパンフレットも作られました。宇宙から地球に届く光による観測が可視赤外線と電波であることを示した図もありました（図2.3）。

■ SDTとMMTの比較

　SDTとMMTの比較では、SDTは背景光が少なく赤外観測に適し、広視野の実現性が比較的容易ですが、大きな主鏡を研磨することとその望遠鏡内での主鏡の安定な支持方法の確立をしなくてはなりません。MMTは、大集光力ですが、4連装の望遠鏡ですので、広視野を得るためや視野回転を補正するためには光学系、機械系が複雑になります。また、複数望遠鏡の境目からの迷光が多いために赤外性能が悪くなることが問題でした。0.1秒角の良いイメージを得るためには、MMTでは鏡内での熱のムラによる鏡形状の変動を抑える必要がありました。温度差が小さいと熱交換率が下がり、鏡内の温度の一様性を保つには、熱交換空気量が

---

16. 赤方偏移 z は、あるスペクトル線が天体の後退速度に応じて波長がずれる現象のこと。ずれの量を$\Delta\lambda$、地球の上で測定される波長をλ_0とすると、$z = \Delta\lambda / \lambda_0$と表される。天体までの距離は赤方偏移 z から推定される。z が小さい場合（z < 0.1）には、光速度 c を用いて後退速度は v = cz と求まる。

17. フィルターは、天体観測をするときに波長域を選択するために用いる。選択された波長幅をフィルターバンド幅という。

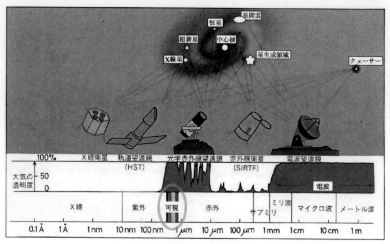

異なる波長域での観測

図2.3　異なる波長域での天体観測（カラー版すばる計画書1985から転載）：地上の光赤外線望遠鏡は、電波望遠鏡とともに大気が通す光・赤外線を地上で受けている。可視光は虹色の縦縞（楕円で囲んである箇所）で表わされている波長域。

1時間に鏡質量の10倍必要であることがわかり、現実的ではありませんでした。鏡を支持するサポート点を鏡の構造上任意の場所に設定できない問題もありました。

■ SDTでの鏡サポートの困難点の解決の目処が立つ

　一方、SDTでは鏡サポート点数が多く、0.1秒角と精度の高いサポートの製作が問題となっていました。主鏡を支持するサポート機構をアクチュエータと呼んでいますが、高精度なアクチュエータの開発と主鏡支持計算機ソフトウェア等からなる主鏡支持システムの開発が重要でした。三菱電機のJNLT開発グループの伊藤昇たちは、望遠鏡の姿勢が変化しても鏡面の形状が0.1μm程度で常に正しく保つことのできるシステムを1985年に開発しました。8m主鏡を0.1μmに保つことは、主鏡が関東平野の大きさと仮定した場合には、その凹凸は1mmしかないという高精度さです。大型望遠鏡の主鏡を厚み20cmの鏡として厚みの半分まで穴

を開けて鏡を支持するとした場合に、力を精度良く加えることは可能ですが、力の入れ方を調整するためには、主鏡面を押し引きする力の高精度測定が必須でした。半径方向の力支持は厳しくないため、「てこの原理」で可能です。一方、主鏡面を押し引きする力のセンサー測定レンジは1000N[18]で、その精度は0.01Nです。つまり、その精度割合は10^{-5}です。既存の望遠鏡支持方法では不可能で、また各種の力センサーでは充分な精度が得られませんでした。寝ても覚めてもの熟考検討ののちに、薬をはかる秤が音叉式力センサーにより10^{-5}以上の精度を持っていることに目が止まりました。音叉式とは、ギターなどの弦が張力により音程が変わることを利用したセンサーです。音叉式力センサーを新規に製作しました。また、アクチュエータの力は、主鏡の裏面に開けた穴から主鏡に加えられる構造です。アクチュエータの力を加える機構は、穴の中では穴に沿って滑るようになっていますが、その横方向の力が主鏡を押し引きする力に影響する問題がありました。それも構造を変えることで解決し、目標としていた力の精度割合10^{-5}が達成されました。これで、JNLT主鏡を薄メニスカス[19]の単体鏡で製作する目処が立ちました。伊藤は、この結果を欧州での1988年の8m望遠鏡建設に関する学会で発表し賞賛を受けたそうです。

　一方、SDTでは安定的な鏡面を得るためには、鏡材ULE[20]の特性による熱制御の難しさが問題として指摘されていました。熱制御については日中にドーム内を冷却し、かつ主鏡をカバーで覆って冷却して、日夜の温度変化が少ないようにする方向になりました（マウナケアですばる望

---

18. ニュートン（N）は力の単位。地球表面では引力により重力が生じるので重量の単位でもある。質量1キログラムの物体の重量は約9.81ニュートンで、1重量キログラム（kgf）。
19. 毛管の中に液体を入れると、液体の表面は平らでなく、表面張力によって曲面となる。これをメニスカス形状という。これまでは望遠鏡の主鏡の剛性を確保するためには直径の1/6程度の厚さが必要だったが、主鏡の大型化により、その重力変形を防ぐのが困難となった。そこで、鏡上面と下面の曲率を同一にして厚さが一定の薄いメニスカス形状にすることで、鏡材重量と熱容量を減らすことができ、かつ、計算機制御により薄メニスカス鏡の高精度制御ができるようになってきている。すばる望遠鏡など8m級望遠鏡で用いられている。
20. アメリカのコーニング社が開発した酸化チタン-酸化ケイ素系ガラスで、Ultra Low Expansionの頭文字を取ったガラス材料。常温での熱膨張率がほぼゼロで、鏡の熱変化を防げる。

第2章　大型光学赤外線望遠鏡計画の時代背景　43

遠鏡を昼間に見ると主鏡はカバーで覆われていて見えない）。また、夜間の風による空気の乱れで星像が悪くなることを防ぐために、茶筒型のドームを採用しています。風の強い夜には通風窓の開閉で風を抑えています。

このことによって、1987年1月には、JNLTを、「口径7-8mで厚さ0.2mの薄メニスカス単体鏡を能動支持機構によりサーボ制御[21]する方式」に絞り込みました。

■ハワイ設置の準備も進めよう

望遠鏡の構造も確定したので、ハワイ・マウナケア山に設置するために、「ハワイ大学と東京天文台との間の合意メモ」が1986年夏に締結されました。サインをした方々は、日本側からは東京天文台台長古在由秀、JNLT計画責任者小平桂一、ハワイ側からハワイ大学学長アルバート・シモネ、天文学研究所所長ドン・ホールでした。その中で書かれている借地料は、年間1ドルです。科学的目的であるので充分廉価に考慮されています。マウナケア山に設置できる13台の望遠鏡（この台数はハワイの住民の方々と州政府との合意による）の1つにすばる望遠鏡が正式に含まれたことになります。

■大いなる助人、改組した国立天文台

東京天文台は、1988年7月に、水沢緯度観測所、名古屋大学空電研究所第三部門とともに大学共同利用機関国立天文台に改組しました。高エネルギー物理学研究所（現高エネルギー加速器研究機構、KEK）のトリスタン計画（電子陽電子反応の研究）の完了に続いての予算措置により、1990年6月に大型望遠鏡設置調査費が認められました。待ちに待った本

---

21. サーボ制御とは、位置・方向・姿勢など負荷の力学的な条件を目標として、目標の任意の変化に追従するように制御する自動制御のこと。

44 第2章 大型光学赤外線望遠鏡計画の時代背景

格的な建設の開始です。

　海外に大型望遠鏡を建設するために野辺山45m電波望遠鏡建設の経験のある海部宣男が1990年4月にJNLTプロジェクトに加わりました。それまでのJNLTは、鏡の口径7.5mで検討され、鏡の口径にふさわしい焦点長さやドームサイズなども設計されてきました。しかし、ここで、アメリカや欧州の計画は口径8mであるので、そのサイズに対抗するために7.5mを8mにして進めることになりました。JNLTの鏡のブランク（鏡材）は直径8.3m、研磨した鏡の直径8.2mとなりました。単体鏡ブランクとしては、Gemini望遠鏡とESOのVLTの8.2mを超える当時では最大のものとなりました（2018年現在ではアリゾナ大学巨大マゼラン望遠鏡の8.4mが最大）。広大な宇宙探求を目指しながらも、鏡の10cmサイズの大きさにこだわる話でした。

■観測装置がなければ観測はできない

　観測に用いる観測装置も検討しなくてはなりません。大型望遠鏡に装着して観測に用いる観測装置システムを作るのはたやすくはありません。装置のサイズも大きさが2mになり重量も数トンとなります。国立天文台や各大学（東京大学、京都大学、名古屋大学、東北大学、北海道大学、國學院大學）や郵政省通信総合研究所の研究者が集まり、波長（可視光と赤外線）、観測方法（撮像、分光、偏光）に応じて37台の装置が提案されました（図2.4）。性能が似ている観測装置提案などはまとめられて、すばる望遠鏡初期の観測装置7台にまとまっていきます（第5章の「コラム　すばる望遠鏡の観測装置とデータ生成レート」を参照）。

■マウナケア山頂での起工式

　すばる望遠鏡の建設が始まったのは予算が確定した1991年からです。総額400億円をかけて9年計画で進められました。鏡の製造は、パロマー望遠鏡主鏡を鋳造したコーニング社で鏡素材ULEの製作が開始されま

8m光赤外線望遠鏡観測装置応募一覧　(1990年11月)

	OPTICAL	NIR		MIR			サブミリ
	0.5m	1.0m	2.5m	5m	10m	30	
3次元検出	Ⓐ唐牛(PF1.5mファイバ分光器)　Ⓑ吉田M(PFマルチスリットSNG)　Ⓒ佐々木T(マイクロレンズアレイ)　Ⓑ大谷(イメージングファブリペロ)　Ⓒ兼子(2次元スペクトログラフアレイ)		Ⓑ菅井(イメージングFP)				
広視野イメージング	Ⓐ関口/岡村(CCD)　Ⓐ関口(見ピコトタイプ)　Ⓑ/Ⓒ兼子(IP光子カメラ)	Ⓐ上野(広視野IRカメラ)　Ⓒ市川(見上プロトタイプ)					
中間赤外イメージング			Ⓑ西村(16x64ボロメータアレイ)　Ⓐ田村M(TIRIN,2次元3-20 カメラ)　Ⓐ山下T(PF2次元素子中間赤外カメラ)　Ⓑ山下T(見上見グレーティング分光器)　Ⓒ小平(中間赤外アレイ検出器)　Ⓒ橋本(10μm干渉計)				
高分散スペクトル	Ⓐ安藤(NFエシェル分光器)　Ⓑ平田(見上,1.7 まで)　Ⓐ田中W(可視光-近赤外フーリエ)	Ⓒ辻(1-5.5 高分散分光器)			Ⓑ田中(10-20 赤外分光器)(工大)		
低・中分散スペクトル	Ⓐ佐藤S(宇宙カロリメーター,0.4-5 低分散分光器)　Ⓐ舞原(OH抑制分光器1-5)　Ⓑ舞原(見上プロトタイプ)	Ⓑ長田(3-5)					
多目的	Ⓐ家(可視光FOCAS)　Ⓑ田村S(CP分光撮像装置)	Ⓐ小林Y(近・中赤外多目的分光撮像装置)					
その他の観測系	Ⓐ小倉(可視コロナグラフ)　Ⓒ渡部(ハルター一眼高速シャッタ)　Ⓑ関口(テスト用2m光学システム)	Ⓐ田村M(近赤外撮像装置)					
高分解像技術	Ⓑ家(アダプティブ・オプティクス)　Ⓐ佐藤K(JNLT赤外線干渉計)　Ⓐ佐藤K(見上装置)　Ⓐ磯部(スペックル撮像システム)						
	0.5m	1.0m	2.5m	5m	10m	30	サブミリ

図2.4　JNLT検討時に提案された観測装置：国立天文台、東京大学、京都大学、名古屋大学、北海道大学、國學院大學、通総研の研究者からの提案（1990年11月）。すばる望遠鏡初期の観測装置7台に結実していく

した。

　マウナケア山頂での起工式は、1992年7月6日におこなわれました。古在台長の挨拶の後、鍬入れに相当する「地突き」がおこなわれました。「地突き」に参加した方々は、古在、小平、海部、南雲、永末、石田、小尾、舞原の諸氏でした。

　望遠鏡建設に関連する作業は、マウナケア山頂でのドーム工事（ハワ

イ）、望遠鏡機械系の製作（日本）、光学系の製作（アメリカ本土）、観測
装置の設計から製作（日本）と太平洋をはさんで分かれています。すば
る望遠鏡の建設をアレンジする国立天文台三鷹本部のすばる推進室では
少ない人員でこれらのたくさんの大仕事をこなしていきました。

■大型望遠鏡JNLTの愛称を決めよう

　大型望遠鏡JNLTの愛称を決めるため、一般の方々に応募を募り、約
3,500通の候補の中から選ばれた愛称が「すばる」です。日本でも古くか
ら親しまれているおうし座の散開星団・M45（プレアデス星団）の和名
です。これ以降は、JNLTは「すばる望遠鏡」と呼ばれます。

■すばる望遠鏡計算機システムの検討

　すばる望遠鏡のように大型の経緯儀式望遠鏡で、かつ、たくさんの観
測装置を装着する望遠鏡では、観測を制御する計算機とそのデータを保
存し解析する計算機とそのソフトウェアは必須です。計算機システムと
ソフトウェアの十分な検討が進んでいないこともあり、1992年から1993
年にかけてソフトウェアに関心を持つ若い研究者が集まり、すばる望遠
鏡計算機システムを検討する天文情報処理研究会のデータ取得解析研究
チーム（Subaru Data Analysis Team、SDAT）を結成しました。集中的
に計算機とソフトウェアシステムの検討を進め、すばる計算機システム
提案書、ネットワークシステム提案書、データベース提案書、データ解析
提案書、データ取得提案書の5つの提案書をまとめました。このSDAT
の活動については4.3.2項で詳しく説明します。

■計算機システムの仕様書作成

　1992年末には計算機予算が前倒しで認められ、1993年2月までに計算
機システムの仕様書を作成することとなりました。そのため、これらの
SDAT提案書や岡山観測所、木曽観測所の望遠鏡、観測装置の制御系の

第2章　大型光学赤外線望遠鏡計画の時代背景　｜　47

実装経験を踏まえて、すばる望遠鏡の計算機システムが設計製作されます。すばる推進室の計算機システム製作責任者であった近田義広を中心に、計算機システム仕様書検討会（いわゆる近田機関、略称「すし」）が組織され、仕様書が作成されました。一般競争入札ののち、実際にハワイに設置されるすばる望遠鏡計算機システムが設計されていくことになります。設計期間は2年に及びました（第4章で説明）。それに続く、急を要する全力投球の製作は第5章での説明となります。

第3章　日本での光学望遠鏡制御の進展

　1999年にファーストライトを迎えるすばる望遠鏡の制御系の話に進む前に、これまでの日本における光学望遠鏡の制御系の変遷を見ていきましょう。かなり古い話まで戻ります。

3.1　188cm望遠鏡制御系の歴史

　戦後の復興から日本における科学の再興が唱えられて、天文学でも大型の観測装置の設置計画が進められました。当時としては世界第7位のサイズの鏡直径188cm望遠鏡を英国グラブ・パーソンズ社から購入することとなりました。予算決定は1954年です。海外設置という話はまだなく、日本国内では気候が穏やかで晴天の多い地域を気象庁のデータから推測し、快晴日数を重点的に比較しました。さらに、湿度、風速、大気透明度の比較、海霧、塩害の考慮、梅雨時の影響を勘案しました。候補地として岡山県・静岡県・長野県内で選出し、口径10cmの小型望遠鏡を用いて現地調査を進めました。星像の安定度を見るシンチレーション観測[1]、周極星[2]による透明度調査、暗い星の露出時間の違いによる写り方の測定から、岡山県竹林寺山（標高372m）が選定されました。現在岡山観測所のある場所です。

---

1. シンチレーションは地球の上層大気の乱流によって星像が乱れることで、シンチレーション観測をすることにより観測点での夜間天体観測時の大気の安定度を評価できる。
2. 周極星は、広い意味では地球の自転によって常に見える星。小型望遠鏡で北極方向を観測し、その狭い視野内にある周極星の明るさの変化を観測することによって時間的な大気透明度の変化を評価できる。

■岡山188cm望遠鏡建設の準備

　東京天文台あげての準備により188cm望遠鏡が1960年に岡山に設置されます。188cm望遠鏡は、極軸を挟んで望遠鏡とバランス調整のカウンターウェイトのあるイギリス式赤道儀です（図3.1）。同時に、補助観測をおこなうために、国産の91cm望遠鏡（フォーク型赤道儀）も日本光学工業で製作され同時期に設置されています。

図3.1　岡山観測所188cm望遠鏡　右上方に延びている赤経軸は北極星に向いている（極軸ともいう）。望遠鏡の筒の下側に主鏡188cmパイレックス鏡、筒先に副鏡がある。主鏡下部には新カセグレン分光器が装着されている。手前の大きな円形は、極軸の周りに望遠鏡とのバランスを取るカウンターウェイト（1990年佐々木撮影）

開所式は1960年におこなわれました。英国から購入したこともあり鏡直径はインチで表していました。188cmは74インチ、91cmは36インチですので、望遠鏡の別名ともなっています、すなわちナナヨンとサブロクです。岡山観測所を訪問したときには良く聞く呼称です。

■ 188cm望遠鏡の制御系の建設時の状況

　188cm望遠鏡の制御系は設置当初はアナログの計器盤と駆動ボタン等を備えたコントロールデスク（制御盤、図3.2）からなっていました。

図3.2　岡山観測所188cm望遠鏡コントロールデスク。大きい円形板は赤経、恒星時、赤緯を表示している。また、多くのボタンは望遠鏡の駆動に用いる

　コントロールデスクはドーム内に設置され、専任の観測補助者が天文研究者の指示に従って望遠鏡操作をおこなっていました。望遠鏡は赤道儀ですので、北極星に向いた極軸の周りを天体の日周運動にあわせて望遠鏡を自動的に回転させます。スイスのマーグ社で研磨された大きな2m直径のウォームホイールにはチェーンで回転できる目盛り環がついており、これを一度恒星時に合わせておけば望遠鏡の赤経を読み取ることができました。今も岡山観測所に行けば188cm望遠鏡のクーデ焦点部[3]の

---

3. クーデ焦点は、望遠鏡の焦点の１つ。主鏡中心の穴を通して主鏡の後ろに星像を結ばせるのをカセグレン焦点、その途中に45度の斜鏡を置き、望遠鏡の赤緯軸または水平軸上に結像させるのをナスミス焦点という。さらに、数枚の平面鏡を使って極軸または垂直軸

第3章　日本での光学望遠鏡制御の進展　｜　51

ドーム側で操作することができます。赤緯軸にも目盛り環がついており読み取りの精度も30秒角程度で、表示系の調子が悪い時には大変便利でした。指向精度としては3分角程度、追尾精度は1分以上の露出にはたえられなかったようです。そのため、全ての装置は眼視によるガイドが必要であり、これが観測の精度と能率を決定づけていました。露出中のガイド操作は、観測者がアイピース（接眼レンズ）を覗きながら手に持ったハンドセット（コントローラー）でおこない、天体の光は写真乾板上に捉えました。恒星時に同期した望遠鏡の星像追尾の回転駆動（時計仕掛けといっていた）は、DCモーター（直流モーター）と同軸のシンクロ（回転角度を測定するための回転式変圧器）の出力をオッシレーター（発振器）の53.3Hzの信号と比較してDCモーターにフィードバックをかけるという方式でした。当時の表示系は、このオッシレーターの信号で恒星時の針を動かし、極軸に取り付けられたセルシン（2つのシンクロで構成される回転位置計測制御装置）からの信号との差を差動セルシンで赤経として表示していました。赤緯は直接セルシンで表示されていましたが、ともに秒角の精度は得られてはいませんでした。

　毎晩クロノメータ（天文観測・経緯度観測・航海などに用いる高精度機械時計）を使って恒星時を合わせ、明るい星をファインダー（天体導入用に同架された小型望遠鏡）を介して導入しゼロ点調整[4]をして観測が始まるという毎日であったようです。その後、東京天文台報時部の飯島重孝によって、新しい発信機と増幅器に換えられ、電源事情がよくなってからはシンクロナスモーター直結方式に変えられました（シンクロナスモーターは、周波数同期型のモーターで、電源周波数が一定であれば一定の回転速度（同期速度）で回転する）。この改修により188cm望遠鏡

を通して星の光を望遠鏡外に導き、固定点に結像させるのをクーデ焦点という。クーデ焦点とナスミス焦点は、分光器など大型の観測装置を設置するのに適している。

4. 望遠鏡のゼロ点調整は、観測時に望遠鏡エンコーダの基準目盛を星像位置で確認した。

は赤緯軸方向でもトレーリング[5]が可能となり、クーデ分光器とともに当時の最新式を誇っていました。

■188cm望遠鏡の初期のアナログ制御系

制御系はリレーでロジックを組む方式でしたが、英国製のリレーとコネクターは旧式のものが使われており、ほとんどの部品は後から交換したとのことです。電源とリレーボックスは待機室の真上にあり、配線穴を通して調理（夜間の観測は重労働で夜食は観測者やオペレーター（観測補助者）にとって何よりの休息だった）の蒸気によって結露し故障が続出したりしました。また入力側の電圧降下や断線も多く、特に3年目には赤緯軸のケーブルツイスターが断線し大改造をおこなうなど望遠鏡改修の激しかった時代であり、部品交換や改造改良が常におこなわれていました。

■望遠鏡制御系の更新の試み

岡山観測所の望遠鏡制御系は先駆的な観測を可能とするよう改修が施されていきました。まず1977年には、91cm望遠鏡の赤経軸（極軸）、赤緯軸にエンコーダを取り付け、マイクロコンピューター表示システムが完成して、望遠鏡操作が格段に進みました。その上で、1978年に188cm望遠鏡の赤経軸、赤緯軸にエンコーダが取り付けられ、マイクロコンピューター制御と連動してTVモニター表示システムが完成しました。

■ミニコンの導入

1973年西村史朗が中心となって、188cm望遠鏡用の広波長域分光測光器（通称：マルチャン）を製作しました。そのためのデータ取得と処理のためにOKITAC 4300Cを導入しました。最初のミニコンの導入です。プ

---

5. トレーリングは1軸方向に低速で望遠鏡を移動し、分光観測時にはスペクトルの幅付けをおこなうことが可能となる観測手法。

第3章　日本での光学望遠鏡制御の進展　53

ログラミングはマシン語かアセンブラ言語しか使えず不便でした。その
後、91cm望遠鏡制御と測光装置のために1979年にミニコンOKITAC50/
10が設置されました。このミニコンでは簡単なOSでプログラミング言
語FORTRANが使え、フロッピーディスク（8インチ）や文字ディスプ
レイも付いてプログラミングが楽になりました。1980年に188cm望遠鏡
クーデ分光器にIDARSS検出器が設置されました。これは1次元レティコ
ン[6]に画像増幅装置（II）を前置する検出器で、現在主流のCCDの観測性能
が向上する1991年頃までは頻繁に利用されました。1984年にはOKITAC
4300CはFACOM S3300（メインメモリ6MB、ディスク727MB、入出力
用磁気テープ）に切り替えられました。岡山観測所188cm望遠鏡用の最
初の本格的な計算機の導入であり、IDARSS以外の観測装置の制御、デー
タ取得、データ解析にも用いられました。UNIX系計算機との共用期間
もありましたが、1996年まで使われました。

コラム　天体観測の検出器の変遷

　星空を見てきた人々は様々な光の検出器を用いてきました。最初は人間の目（眼視）です。
ガリレオによる1609年の望遠鏡の使用により、瞳の直径7mmから望遠鏡の口径42mmにな
り、光を集める効率は口径の2乗比で36倍になりました。しかし検出するセンサーは人間の
目です。目で光を検出する効率（量子効率）は、暗いところ（暗所視）と明るいところ（明所
視）では3倍程度違い、それぞれ3％と1％です。暗所では、少し青い波長帯に最大感度が移
ります。暗所視に切り替わるのは10分、安定するのにはさらに10分必要です。人間の目では
光を積分することは苦手なので暗い星々を見るのは不得手です。肉眼で見える最も暗い星が6
等星といわれ、恒星の明るさを決める基準スケールになっています。

　写真乾板は19世紀から天体観測に用いられ始め、20世紀半ばから1997年にコダック社で
の製造が終了するまで天体観測の主たる検出器でした。しかし問題点もありました。感度が1
〜2％と不足していました。また、受けた光の量と写真乾板の黒みが比例しない相反則不軌が
あり、相反則不軌を補正しつつ写真の濃度と入射光量の較正のために天体撮影写真乾板の端に
ステップ強度の人工光を同時に焼き付けていました。写真乾板の現像も大変でした。木曽シュ
ミット望遠鏡の大型の乾板は1辺が36cmの正方形でした。現像も大変で自動現像機も開発さ

---

6. レティコンは、岡山観測所に導入されたReticon社（カリフォルニア/USA）の1次元フォトダイオードアレイカメラ。

れました。写真濃度を入射光量に変換するための測定も、専用の写真乾板測定器が必要でした。

望遠鏡の他の焦点での観測には、より量子効率の高い光電子増倍管やイメージ増倍管などが用いられ、その量子効率は10％以上になりました。現在では、より量子効率の高いCCDが利用可能です。熱雑音を下げるための冷却機構も安定的に供給されてきています。フィルムに感光させる方法よりも数十倍も感度の高いCCDを用いた天体観測が全盛の時代を迎えています。それでも熱雑音や宇宙線による雑音シグナルのために1回の積分時間の制限はかかります。複数回の積分で暗い天体の撮影を試みています。

これまで用いられてきた天体観測の可視光検出器の量子効率の比較を図3C.1に示しました。そのほかに1μm（1000nm）以上の赤外線検出器 HgCdTe、InSb、Si:As も用いられています。

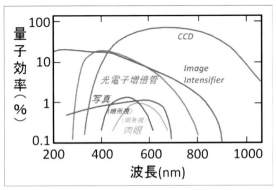

図3C.1　天体観測の検出器の量子効率の比較

||||||||||||||||||||||||||||||||||||||||||||||||||||||||||||||||||||||||||||||||

■CCDを用いた観測カメラ

CCDは1983年ごろから川上肇により国産素子とその熱雑音低減を目的とした冷却のための手作りのデュワーを用いたテストが始まり、1986年に家正則を中心にRCA素子を含むシステムが導入されました（図3.3）。CCD制御とCCDによるデータ取得はパソコンでおこなっていました。そのほかに、2次元光子計数装置（PIAS）などもテストされましたが、次第に高性能のCCDが光学天文観測のほとんどの領域を覆いつくしていきました（「コラム　天体観測の検出器の変遷」参照）。

図3.3 岡山188cm望遠鏡ニュートン焦点部に設置されたRCA-CCDと技術担当研究者（佐々木、湯谷、家（PI）、沖田、川上）（1986年）

3.2　188cm望遠鏡制御系のパソコンネットワークによる制御

　計算機を用いた188cm望遠鏡制御システムの開発は1986年から始まりました。パソコンとして一般的に使われていたNEC PC-9800とエンコーダ等の制御用のI/Oボードの連携でシステムが構築されました。MS-DOS（マイクロソフト）のバージョン4への更新の後の1989年に異常停止バグのない制御システムとして完成しました。

　その過程で、1988年には188cm望遠鏡の制御システムは、パソコンのネットワークによる制御へと改修が進みました（図3.4）。

■ネットワークを利用した望遠鏡制御系の試み

　観測者が観測をおこなうためには、観測天体のリスト（赤経、赤緯の座標）を用意します。使用する望遠鏡の焦点部の観測装置とそのモード、露出時間を決め、観測波長域、使用するフィルター、分光器であれば中心波長と波長分解能を決めます。観測補助のために、あらかじめ観測天体の近くにガイド星を選定しておくことも必要です。観測中は、晴天の判断や湿度判定、風速による星像乱れの判断が求められます。順次観測を

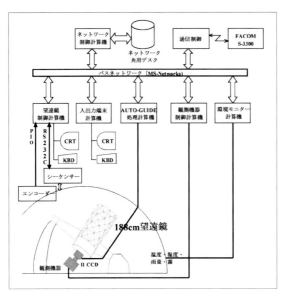

図3.4　岡山観測所188cm望遠鏡のパソコンを用いた制御ブロック

続けるために観測天体の順番も決めておきます。観測データの較正は重要ですので、天体観測の前後のバイアス取得、ダーク取得、較正用ドームフラット測定は必須です。また比較のために測光標準星、分光標準星、偏光標準星などの観測も必要です。望遠鏡制御および観測装置制御ソフトウェアでは、これらの操作をわかりやすく観測者に提供するとともに可能な限り自動化を試みています。望遠鏡の状態変化や環境変化に随時対応し、観測者のアイデアに基づく観測手順の変更にも柔軟に対応することが求められます（図3.5）。

■新しい制御系の構成

　望遠鏡の状態変化や環境変化に随時対応するために、制御の中核にはタイマー割込のマルチタスク部を用いました。タイマー割込はPC-9801のマシン語で製作しました。ソフトウェアの主要部分はマイクロソフトのC言語で記述されました。観測操作からデータ取得まで効率的に進め

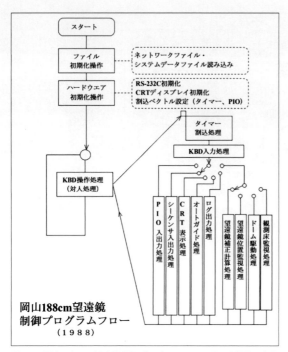

図3.5 岡山188cm望遠鏡制御プログラムフロー図：時間的に変化する状況に対応するために70ミリ秒のタイマー割込による制御をおこなっていた

られるように、望遠鏡をインテリジェントなシステムとして統括的に制御できるように、また、望遠鏡制御を遠隔自動制御できるように、望遠鏡ドームと本館の計算機間はネットワーク（LAN）で結ばれています。

望遠鏡を目的天体に向けるために、歳差補正[7]、年周光行差補正[8]、章

---

[7]. 地球の地軸（自転軸）は、太陽を中心とした地球の公転面に垂直な方向に対して半径約23.4度の円を描くように移動し、約26000年の周期で一回りする（地球の歳差運動）。この地球の歳差運動は、太陽や月、惑星の引力によって、傾いている地球の地軸を引き起こそうとする力が働くために起こる。望遠鏡を天体に向けるには、時々刻々変化する歳差（1年に約50″）を補正する必要がある。現在、北極星は地球の地軸方向にあるが、西暦13000年頃には、こと座のベガ付近に将来の"北極星"があることになる。

[8]. 年周光行差補正は、地球の公転運動により、光速に対して地球の公転速度分だけ光のやってくる方向がずれることの補正である。天球上の位置と時期により半長軸20.5秒角の楕円（含む円、直線）のずれとなる。そのほかに、地球の自転による日周光行差（0.3秒角程度）、太陽系全体の銀河中心周りの回転による永年光行差がある。永年光行差は約3分角あるが、銀河中心周りの周期約2.4億年での変化なので無視される。

58　第3章　日本での光学望遠鏡制御の進展

動補正[9]、望遠鏡器差補正（赤緯軸、赤経軸のずれやその直交性の補正）、大気差補正[10]は望遠鏡制御計算機で処理されました。

望遠鏡、ドームのモーターの直接制御はシーケンサーがおこない、パラレル I/O を介して PC に直接取り込まれたエンコーダ値に応じてフィードバック制御をします。オートガイダー[11]や観測装置などの制御ソフトウェアとは、MS-Networksと呼ばれるネットワーク上でファイルをやり取りすることによっておこなっていました。

■ PIOボードの活躍

各部分制御ユニットの制御用双方向通信やエンコーダ値の取得には、岡山観測所で独自に開発製作した汎用機器制御用のパラレルIO（PIO）ボードが有効に利用されました。清水康広の製作品です。PIOボードは、I/Oポート、シリアル通信ポート、マイコン（Z80互換CPU）により構成されていました（図3.16参照）。基本的な動作は、上位コンピューターからのコマンドを、シリアル通信ポート経由でマイコンが受け取り、接続機器の状態を返答したり、あらかじめ決められた手順に従って接続機器を操作したりするものです。通常、PIOボードはホイールやステージなどの局所制御ユニットとして使用され、観測機器の制御のためには複数枚を使用します。I/Oとしては、エンコーダ、スイッチ、フォトセンサ、リレー接点等の入力と、各種モーター（DC/AC/パルス/サーボ）、リレー、ランプ類等の出力に対応可能です。その上、プログラムにより割込入力制御や、マイコン内蔵タイマーと連動させた速度制御など、多様

---

9. 章動補正は、地球に及ぼす太陽と月の潮汐力の変動による地球自転軸のずれを補正すること。太陽と月は互いの位置関係を絶えず変化させるために、地球の自転軸に章動をもたらす。地球の章動のうち最も大きな成分は18.6年周期、9秒角程度の変動で、月の軌道面の地球に対する変化の周期により引き起こされる。

10. 大気差補正は、地球大気によって星や惑星・太陽からの光が曲げられて、見かけの位置が天頂方向にずれることの補正。天頂距離の大きい、地平線近くの天体は大きく浮き上がる。この角度の計算は、大気の状態によってずれの角度が違い、大気の密度、成分、温度、湿度、気圧などの観測環境の情報をもとに計算する。

11. オートガイダーは、望遠鏡を天体追尾する望遠鏡制御機能のこと。小型カメラで取得した視野内のガイド星の微少な位置変化を測定し、望遠鏡に逆方向の駆動指令を与えて星像が動かないようにする。

な制御も実現できるものです。なお、機能強化されたPIOボードはすばる望遠鏡の観測装置内部機器制御部でも用いられています（付録A.4節「観測装置の制御システム」を参照）。

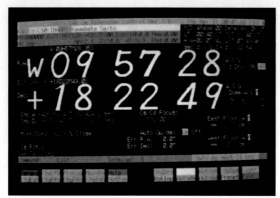

図3.6　188cm望遠鏡制御のモニター制御画面：赤経、赤緯が大きな文字で表示されている

図3.7　望遠鏡制御系改修に伴って撤去された188cm望遠鏡コントロールデスクと当時の岡山観測所職員：手前（左から）：小矢野、湯谷、沖田。中段（左から）：岡田、清水実、清水康広、佐々木。後段（左から）：前原、（鈴麺工技術者）、渡辺。最後段：乗本（1988年撮影）。コントロールデスク上の大きな円盤は、左から赤経、恒星時、赤緯の表示板。そのほかに各種の操作用スイッチ類がついていた

望遠鏡制御ディスプレイには、必要な望遠鏡データが表示されています（図3.6）。表示はタイマー割込で0.5秒ごとに更新されます。

■コントロールデスクの退役―28年間ご苦労様

　望遠鏡制御システムの計算機制御に伴って188cm望遠鏡納入時から28年間用いられてきたコントロールデスクはドームから撤去されました（図3.7）。現在では岡山観測所の近くにある岡山天文博物館に展示されています。

3.3　188cm SNG装置の分散処理系

　188cm望遠鏡の制御系がネットワークを利用した制御へと改修されると、観測装置や周辺機器にネットワークという汎用インターフェースを持たせることで、それら全てを組み合わせた制御ができるようになります。それまでは望遠鏡の制御と観測装置の制御は完全に分離されていたため、望遠鏡で天体追尾の操作をした後、観測装置の操作を別におこなって観測データを取っていました。望遠鏡側と観測装置側に操作者がそれぞれいる場合、効率よく観測をおこなうためには阿吽の呼吸が必要になりますし、操作者が一人の場合だと高い運動能力が要求されます。望遠鏡の制御系がネットワークにつながったことで、観測の自動化まで見据えた拡張の可能性が出てきました。

■SNGとは

　スペクトロ・ネビュラグラフ（Spectro-nebulagraph：SNG）はその第一歩となる観測システムで、1990年に京都大学と岡山観測所が共同で開発を始めました。SNGは望遠鏡、オートガイダー、分光器、CCDカメラの制御系を全てネットワークで結び、観測の手順に従って順次、あるいは、並列でそれぞれを制御することによって自動的に観測を遂行するシ

ステムです（図3.8）。データの取得から解析処理に至るまで、かなりの部分が自動化された、当時として非常に先進的なシステムでした。

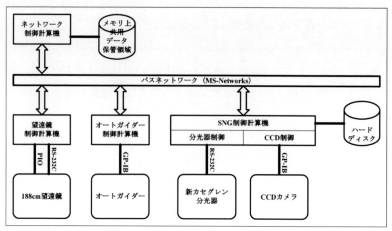

図3.8　SNGの制御ブロック図：望遠鏡制御計算機、オートガイダー制御計算機、SNG制御計算機（分光器制御機能とCCD制御機能の両方を受け持つ）がネットワーク通して連携しながら観測を遂行

　SNGは、太陽の単色像を撮影する装置として1890年にヘール（Hale）とデランドル（Deslandres）によって独立に考案されたスペクトロ・ヘリオグラフを、その100年後に星雲（ネビュラ）などの広がった微光天体の観測に応用したものです。スペクトロ・ヘリオグラフが開発されたのは1世紀以上も昔のことですから、写真乾板に単色像を写していました。一方SNGは、スリット分光器に2次元検出器であるCCDを装着して、分光器が一度にカバーできる波長範囲の情報を全て一度に取り込みます。つまり、
　① 望遠鏡の焦点に結ばれた天体像を、分光器のスリットの長さ方向と垂直にスリットで掃くように望遠鏡を自動的に駆動しながら、
　② 各スリット位置で分光して得られる2次元スペクトル（空間1次元＋波長1次元）をCCDから順次読み出して保存し、

③ 得られた複数の2次元スペクトルデータを積み重ねて、天球面2次元と波長1次元からなる3次元スペクトル（データキューブ）を作成します（図3.9）。

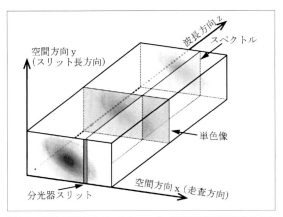

図3.9　観測で得られるデータキューブ：X-Y平面は観測天体のある天球面。分光器スリット（縦長）に入った観測天体の光を分光器で分光すると空間1次元（Y方向）、波長1次元（Z方向）の2次元データが得られる。スリット位置をX方向にずらしながら、逐次分光された2次元データを取り出してデータ処理することによって、空間2次元（X-Y平面）、波長1次元のデータキューブになる

　データキューブからは、観測が終わってから解析ソフトウェアを使って、広い波長域でも狭い波長域でも任意の幅の波長域で、一度に複数の単色像を自由に切り出すことができます。

■**階層的な制御コマンド体系**

　SNGにおける制御コマンドの流れを見てみましょう（図3.10）。「コマンド」は個々の部品を制御する命令です。機器内部の制御対象と「コマンド」は1対1で対応しています。例えば、分光器のフィルターを変更したり、観測に使うスリットを選択したり、あるいは、CCDカメラの読み出しをおこなうなど、それぞれ個別の「コマンド」で制御されます。「ジョブ」は「コマンド」の集まりで、決められた流れに沿って「コマ

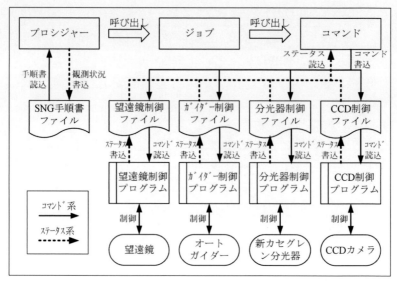

図3.10 SNGの制御フロー

ンド」を連続して実行することによって、ひとまとまりの観測操作をおこないます。それぞれの「ジョブ」には人間がその作業内容を理解できるような名前が付けられており、観測者は「ジョブ」を観測画面から逐次選択して実行することによって、マニュアルで観測操作をおこなうことができます。観測者は「ジョブ」のパラメータを変更して実行することはできますが、「ジョブ」の中身を編集することはできません。「ジョブ」の中身はシステムを熟知したエキスパートによって、常に最新・最適に保守されています。

「プロシジャー」は観測者が準備した「SNG手順書ファイル」の内容に従って「ジョブ」を順次実行します。観測者がおこなうことは、手順書ファイルを作成してそれを実行するだけです。

このように制御コマンドを階層化させることで、機器の詳細を理解した装置開発者や観測所がおこなうべき作業を、観測遂行が目的である観測者の作業から分離して、機器の詳細を知らない観測者でも効率を下げ

ることなく観測を遂行することができるようになります。階層的な制御コマンド体系の概念は、のちにすばる望遠鏡の観測制御システムにも取り込まれることになります（詳細は「付録」参照）。

■ SNGの解析ソフトウェアの開発

このような特殊なデータを解析して必要な情報を取り出すのは、システムに精通した人でなければ至難の業です。そこで開発チームでは、SNGシステムで取得されたデータの解析処理に特化したソフトウェアを開発し、観測者に提供することにしました。このソフトウェアを使うと、SNGデータの基本的な解析処理を効率よく精度よくおこなうことができます。SNGシステムは1992年から岡山天体物理観測所の共同利用観測装置として10年以上使われました（図3.11）。

図3.11 京都大学と岡山観測所のSNG開発チーム：左から佐々木実（京都大学）、清水康廣（岡山観測所）、馬場歩、吉田道利、大谷浩（京都大学）、小矢野久、佐々木敏由紀（岡山観測所）、小杉城治（京都大学）。後方には新カセグレン分光器（大きな箱形の物体）と、その下にCCDカメラ（短い鉛筆型の筒）が装着されている

SNGのソフトウェアは小杉が大学院生のときに作ったものなので、ところどころに遊び心が見られます。例えば、当時普及し始めたMicrosoft Windowsをまねて、観測の進捗や装置の動作状況を仮想Window上に表

示させています（図3.12）。また、ソフトウェアの立ち上げ時にはビープ音で作った宇宙戦艦ヤマトのメロディーが鳴り、走らせた観測手順が終わるとちびまる子ちゃんのメロディーが流れて知らせます。この音によるガイドは、すばる望遠鏡の観測制御システムでも踏襲され、英語と日本語による音声ガイドとして組み込まれることになります。

図3.12　SNGの観測制御画面：左図では望遠鏡を駆動するコマンドが実行中で、右図では分光器とCCDカメラを制御するコマンドが実行中

なお、188cm望遠鏡制御系は2000年にはさらにUNIXベースのLANを用いた高速・高精度の制御系へと改修作業がおこなわれました。

3.4　91cm望遠鏡制御系

188cm望遠鏡制御系がほぼ完成した後に、その当時進んでいたすばる望遠鏡のハワイ建設に向けてハワイ大学との共同作業を進めるために、ホノルルのハワイ大学マノア校に佐々木が1年間滞在しました。マウナケアにあるハワイ大学2.2m望遠鏡で数度観測し、その取得データはFITS形式のファイルになっていました。データ解析はUNIX上で動作する米国立天文台NOAOで開発されたIRAFソフトウェアに移行している最中でした。同時に、アメリカでの1Gbps LANの開発が進んでいることを知り、望遠鏡観測装置制御も、多くの装置制御との接続性も高く、かつデータ解析ソフトウェアとの親和性も高いUNIX/LANベースでの開発

を試みることにしました。

■ UNIXベースの望遠鏡制御系へ

　観測は状況変化に随時対応する必要があり、188cm望遠鏡ではタイマー割込で対応しました。UNIXベース上では多くの装置制御との接続性を考慮して、装置制御間のコマンドのやり取りは、リモートプロシジャーコール（Remote Procedure Call、RPC）を用いて接続することにしました。RPCでは、2つのモードがあります。同期型連携モードとメッセージ連携モードです。同期型連携モードは、実行結果が返ってくるまで処理を中断します。一方、メッセージ連携モードは、実行結果が返ってくるのを待たずに処理を進める非同期型連携です。状況変化に随時対応するために、91cm望遠鏡では、後者のメッセージ連携モードを選択しました。

■ すばる望遠鏡のプロトタイプ

　このPC制御に基づく制御系の開発は、望遠鏡制御と観測装置制御を分散処理系で接続したUNIXベースの制御システムという、すばる望遠鏡のプロトタイプとしての意味合いがあります。そのために小型の観測装置も製作しました。それが偏光撮像分光装置です（Okayama Optical Polarimeter and Spectrograph：OOPS、図3.13）。

　望遠鏡制御、観測装置OOPS装置制御、オートガイダー制御、データ保存のためのNFSサーバーの計算機類はLANで接続され、岡山観測所の基幹ネットワークに接続されました（図3.14）。

■ OOPSの操作機能

　OOPSの各操作機能には、ガイダー操作、焦点部スリット操作、フィルター1の切替操作、シャッター操作、偏光素子着脱操作、分光素子とフィルター2の切替操作があり、観測データ取得のための、CCD読み出

図3.13 岡山観測所91cm望遠鏡と同架したOOPS装置

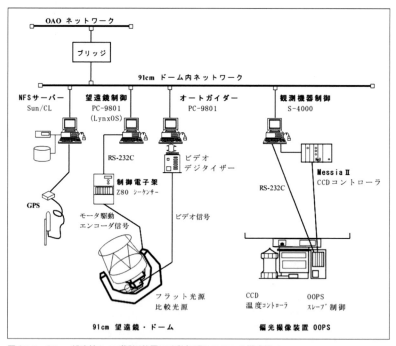

図3.14 91cm望遠鏡および観測装置の分散処理システムの構成図

しおよびCCD温度制御があります（図3.15）。望遠鏡で天体を自動的に追尾するために、オートガイド機能が働きます。これらの機器に直結する制御はローカルPIO入出力処理ボード（PIOボード、図3.16）が担います。PIOボードと観測装置制御計算機との間はRS-232C/422で接続されます。CCDデータはVMEボードで処理され、計算機のVMEインターフェースボードを介して計算機に取り込まれます。

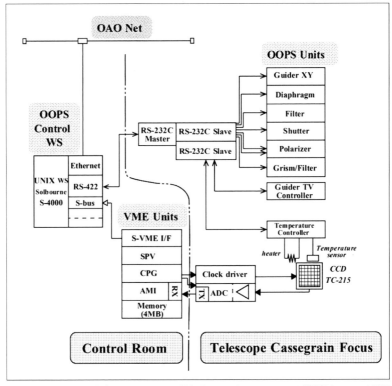

図3.15　OOPS制御系ブロック図：OOPS制御系ハードウェアは、OOPS機構部各ユニット制御（PIOボードでの通信制御）、CCDカメラ制御系（Messia II）、デュワー温度制御系、および制御用ワークステーションで構成されている

図3.16　PIOボード　Z80上位互換のCPU HD64180（8MHz）を用い、I/Oポート24ビット、シリアル通信ポート2チャンネル等の機能がある。清水康弘の自作品

■OOPS制御ソフトウェアの構成

　OOPS制御ソフトウェアはRPC非同期型で観測者の観測状況判断変化などに随時に対応できるように、RPC受信サーバーでRPCメッセージを受け付けて、RPCメッセージ受信完了メッセージを送信元のプロセスに返すように製作されました（図3.17）。制御計算機が個別に起動され個別操作プログラムが作動しRPC受信機能が立ち上がります。主制御計算機となるOOPS制御計算機でメインジョブを起動することによって、各計算機上の制御ソフトウェアとのRPC通信を確立します。個別操作プログラムは保守のために用いられ、主制御計算機とは独立して個別に対応機器の制御が可能です。

■OOPS制御ソフトウェアルーティン間でのRPC通信

　RPC通信メッセージは、コマンド文ではRPCコマンド、認証データ、制御コマンド、制御対象、制御パラメータからなります。ステータス通信文では制御パラメータの代わりにステータスパラメータが送信されます。駆動コマンド等のRPCメッセージの送受信と動作時間のかかるローカルな機器制御との通信の分離が可能となっています。RPC受信メッセージ

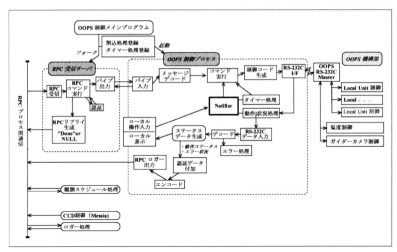

図 3.17　OOPS 制御ソフトウェアは RPC 非同期型で観測者の観測状況判断変化などに随時対応できるように製作されている。そのために、RPC 受信サーバで RPC メッセージを受け付けて、駆動時間を必要とするローカル機器の制御を行っている

をデコードし必要なローカル制御をおこないます。ローカル機器の完了情報が PIO ボードから送信されてきた際に、ログ・ステータスを作成してロガーに RPC 送信します。エラー発生時にはエラー情報を RPC 送信するとともにエラー対処処理をおこなっています。他のプロセスは、ロガープロセスから機器のステータス情報を得ることによって状況の判定が可能です。

■ UNIX ワークステーションでの統合制御

　91cm 望遠鏡制御計算機、OOPS 装置制御と CCD 制御は UNIX ワークステーションでおこなっていました。望遠鏡を天体に追尾するためのイメージ増倍管付き CCD カメラの制御は PC でおこないましたが、その計算機群は図 3.18 に示してあります。OOPS 制御ソフトウェアのディスプレイ表示は図 3.19 です。取得された惑星状星雲の多天体分光データは図 3.20 です。

図3.18　91cm望遠鏡とOOPS装置を制御するための統合型計算機群

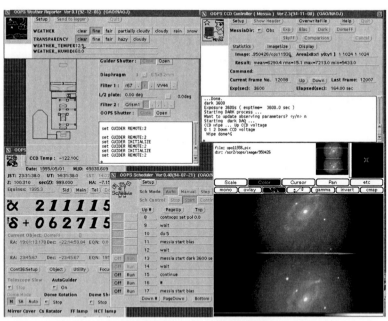

図3.19　OOPS装置の統合型観測操作画面（UNIX上での制御画面）

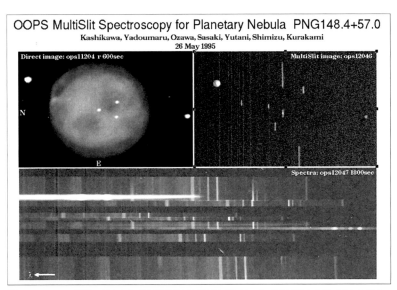

図3.20　OOPS装置で得られた惑星状星雲の撮像画像（左上）で、撮像画像から作成されたスリット列マスク（右上）を用いて得られたスペクトル像（下側）。左右に延びているのがスペクトルで、左側が長波長になる。スペクトル上の縦線が水素輝線などの原子スペクトル

図3.21　91cmOOPS装置と開発者の清水、佐々木、倉上、湯谷（1992年撮影）

　完成したOOPS装置と開発に携わったメンバーの写真を図3.21に示し

第3章　日本での光学望遠鏡制御の進展　｜　73

ました。すばる望遠鏡の立ち上げと運用にも大いに貢献をしたメンバーです。

3.5 赤外シミュレータの制御ソフトウェア

■経緯儀式望遠鏡の制御

すばる望遠鏡の検討が進み、その概要がほぼ明らかになった時点で、小型の経緯儀式望遠鏡を試作して光学系の試験や観測装置の実験をすることになりました。そのために、国立天文台三鷹キャンパス内に1993年に口径1.5m望遠鏡が設置されました。三菱電機製の望遠鏡・架台装置とアストロ光学製のドームを主とする望遠鏡です。経緯儀式架台ですので天体追尾はコンピューターによる制御が不可欠です。ヒューレット・パッカード社ワークステーションとLynxOS系のVMEボードを主体として制御系を構築しました。制御系はこれら2つと望遠鏡をローカルに直接制御する架台制御装置、ドーム制御装置、温度や湿度などを得るための気象観測装置、時刻装置等から成り立っていました。制御系全体の構成は図3.22です。

■赤外シミュレータの制御

赤外シミュレータの制御はGUIを通して観測者がおこない、駆動命令を望遠鏡本体制御のVMEボードに送信しておこなっていました。VMEドライバーを介して架台制御装置と通信します。ソフトウェアはモジュール構造をなしていて、GUIが各制御の上位に位置し、望遠鏡、副鏡、インストゥルメント・ロテータ、ドーム等に指令を出します。GUI上には現在の望遠鏡の向き、状態、制御用コマンドボタン等が設けられ、観測者はコマンドボタンを使って各種制御をおこないます。

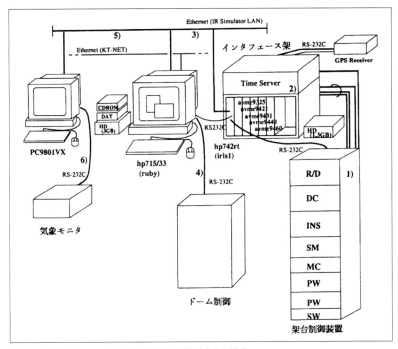

図3.22 赤外シミュレータ1.5m望遠鏡の制御系全体の構成

■経緯儀式望遠鏡の駆動

　望遠鏡を駆動するには方位軸・高度軸ともに0.1秒ごとの速度指令が必要で、このとき新規実行時の計算値、前回の指令値、位置の誤差、誤差の積分値にそれぞれ適当な係数をかけてフィードバックします。天体追尾直前のポインティング時には加速―減速をおこない、滑らかに追尾に移るよう配慮しました（望遠鏡は最高で1度角/sの速度を出せます）。望遠鏡の方位軸の動きにドームが追随して回転するため、天体追尾の際には意識的にドームを制御する必要はありません。時刻は岡山観測所で開発したGPSを使った時刻装置から取り込み、種々の補正をほどこして使用していました。天体位置計算に必要な気象データはパソコンを通じてワークステーションのハードディスクに1分間隔で書き込まれ、追尾ス

第3章　日本での光学望遠鏡制御の進展　｜　75

タート時にその数値を計算式に取り込みます。

■赤外シミュレータ望遠鏡ソフトウェア

望遠鏡駆動ソフトウェアはすばる望遠鏡の制御ソフトウェアの検証も兼ねていました。各種の器差補正関数として、協定世界時、原子時、地心力学時、グリニッチ平均恒星時、グリニッチ視恒星時、地方恒星時の算出、歳差、年周視差、年周光行差、章動、日周視差、日周光行差の算出、望遠鏡器差補正、大気差、視野回転角の算出などの組み込みと試験がおこなわれました。大気差の計算には気象データが必要です。

この望遠鏡駆動ソフトウェアで望遠鏡の性能を十分に引き出していることが明らかになり、太陽系天体、図星表に載っている天体、星表に載っていないが赤経赤緯がわかっている天体の観測ができるようになりました。

■制御系の改造と望遠鏡移設

赤外シミュレータ1.5m望遠鏡の制御系は望遠鏡、ドーム間のデータの送受信の複雑性とその拡張性に難があり、また2000年問題の回避が問題となり、1999年に更新されました。その後、2006年に広島大学での天文学研究発展のために広島大学に移設され、東広島天文台かなた望遠鏡として現在活躍しています。

第4章　21世紀の望遠鏡を目指して

4.1　すばる望遠鏡の建設が認められる

　大型光学赤外線望遠鏡の計画（JNLT計画）は東京大学東京天文台が中心となって進められてきました。口径8m級の望遠鏡を外国に建設するのは10年余の年月と数百億円の費用がかかる巨大事業です。これを東京大学の付属研究所の1つで進めるには規模が大きすぎるということだったのか、1988年に東京天文台が改組され国立天文台が発足しました。この動きと軌を一にして、1990年にはJNLT建設に伴う調査予算がつき、1991年には9年計画の建設本予算が認められました。その年に国立天文台に大型望遠鏡計画推進室が設けられました。総括責任者は小平桂一、室長には1978年に若手に檄を飛ばした海部宣男がなっています[1]。20名強の構成メンバーは、それまで検討をおこなってきた研究者たちです。翌1992年には大型光学赤外線望遠鏡計画推進部が設立され、国立天文台内ではすばる望遠鏡のための体制の整備が始まりました。以降、新しく5部門ができ定員も増えていきました。

　JNLTの検討段階ではソフトウェアに関する検討はほとんどおこなわれていませんでした。1989年9月に発表された大型光学赤外線望遠鏡計画説明書（図4.1右参照）の執筆者16名[2]、協力者80余名の中にソフトウェア系の人はほんの数人です。当時の資料を調べると、ソフトウェアやコンピューターに関する組織的な検討が始まったのは1992年頃と思われま

---

1. 偶然というよりも歴史の必然のように思える。
2. このうち、国立天文台所属の研究者のほとんどが大型望遠鏡計画推進室のメンバーになった。

す。興味深いのは、それまでJNLT計画の検討には加わっていなかった若い研究者が中心になっていることです。そこで、1992年までにソフトウェアやコンピューターについてどのような検討がされていたのかを残されている資料からあたってみましょう。

図4.1 大型光学赤外線望遠鏡の報告書

4.1.1 大型望遠鏡計画調査室の発足

　すばる望遠鏡建設計画は、初めは誰かが「岡山の188cm望遠鏡より大きな新しい望遠鏡がいる」と言い出し、日本の観測天文研究者たちがこぞって「そうだそうだ」と盛り上がり、岡山観測所を持っていた東京天文台の中に新しい望遠鏡の検討グループができ、そのグループが世話人になって天文研究者の集まりである光学天文連絡会（光天連）で議論と検討を進めるという流れで進みました。計画の概要が固まり、いよいよ予算を獲得して本格的な建設に進もうという段階になると、それまでのように、天文研究者が手弁当のボランティア活動のように各自の研究の合間に参加して、片手間で検討するという方式では進みません。このあたりの歴史を紐解いてみると、1984年9月の東京天文台の教授会議で「天文台の大型計画として取り組み、準備調査にあたって良い」ことが承認

されました。これがボランティア組織から専任組織へ移行する重要な転換点です。小平桂一を総括責任者として「大型望遠鏡計画調査室」が東京天文台に設置され、メンバーに成相恭二、安藤裕康、野口猛の3人が選ばれました。小平はこのほかにも西村史朗など何人かに協力を要請したと記録に残っています。この大型望遠鏡計画調査室の中にソフトウェアの検討を担当する人がほとんど見当たりません。西村史朗がソフトウェアと計算機の担当でしたが、マンパワーとしてはたった1人では充分ではありませんでした。この「大型望遠鏡計画調査室」のメンバーがコアとなって「東京天文台望遠鏡ワーキンググループ」ができました。

4.1.2　大型望遠鏡の建設スケジュール

大型望遠鏡計画調査室発足当時の建設スケジュールを見てみましょう。1984年11月15日発行の光天連会報No.33によると、JNLT計画のパンフレットを作るために光天連シンポジウムで議論を深めるとあります。そのシンポジウムに示すための原案の中に建設計画が出ています。最初の2年間は望遠鏡の技術検討や予備設計、建設場所の調査や国内の企業の調査などが挙げられています。ソフトウェアについては、「3年次以降」の中に、

①　ソフトウェア（望遠鏡制御ソフトウェア、観測装置制御ソフトウェア、データ処理ソフトウェア）

②　コンピューター（望遠鏡制御用、観測装置制御用、データ処理用）

という記述があります。その4ヶ月後に発行された「1985-3-1 光天連会報 特別号 大型光学赤外線望遠鏡計画」では、着工より完成まで5年、ソフトウェアは基本設計1年、設計1年、製作2年、総合調整と試験1年という建設スケジュールになっています。そして、技術的検討課題の1つとして、

「大型光学赤外線望遠鏡が生み出す膨大な観測データを効率よ

く処理・解析するデータ処理システムの検討が必要である。」

と書かれています。

4.1.3　大型光学赤外線望遠鏡 技術調査経過報告書

■ソフトウェア言語はPL/I、C、FORTRAN77

　1986年2月に図4.1左の望遠鏡ワーキンググループ[3]による技術調査経過報告書が出版されました。これは概念設計書にあたるもので、すばる望遠鏡の大枠が記載されています。この報告書の第6章「制御系」に計算機システムの記述が登場します。この第6章は西村史朗がまとめたもので、コンピューターが制御の要であることがわかります。1981年には野辺山宇宙電波観測所の45m電波望遠鏡が稼働していましたから、この報告書がまとめられた1984、5年頃には、コンピューター制御の大型経緯儀システムの手本がありました。この45m電波望遠鏡の制御システムを参考にした様子が窺えます。「制御用言語」という節を一部引用してみましょう。

> 「制御系のソフトウェアを記述する言語としては、マルチタスクを動かせる言語ということで、PL/I、Cなどが適していると考えられる。ユーザがソフトウェアの一部を書いて組み込むときには、馴れた言語としてFORTRAN77が望ましい。」（原文のまま）

　1984年当時、野辺山宇宙電波観測所45m電波望遠鏡の制御は、3台の制御用計算機（パナファコム U-1500）が望遠鏡と受信機のリアルタイム部分を担当し、その上流で汎用機（富士通 M-180II AD）がそれらを統合し、対人インターフェースを持つセミリアルタイム部分を担当する2段

---

3. ワーキンググループの構成員は「大型光学赤外線望遠鏡計画説明書」の執筆者や協力者だったと思われるが、残念ながら詳細な情報が見つからない。

構成の複合システムでした。制御用計算機のソフトウェアはアセンブラ
で、汎用機用はPL/Iで書かれていました。

　余談ですが、当時、野辺山ではPL/Iがはやっており、データ解析ソフ
トウェアの一部もPL/Iで開発されていました。しかし、野辺山でPL/I
を使いこなせる研究者はほんの数人でした。そのような状況下で、基幹
のデータ処理ソフトウェアの開発者が自動車事故で亡くなり、PL/Iで書
かれたそのソフトウェアの保守・開発を続けることができなくなるとい
う大問題が起こりました。そこで、すばる望遠鏡のソフトウェアシステ
ムではPL/Iを採用せず、C、FORTRANとJavaが使われました。

■計算機システムを二重化

　もう1つ、報告書第6章の「計算機システム」の節の一部を引用してお
きましょう。

> 「計算機システムで考慮しておくべき問題は、故障とそのバッ
> クアップの問題である。計算機の故障率は機械系などのそれよ
> り低いと予想されるが、以下に述べるように重要な機能のバック
> アップをコストを増やさずに確保することができる。まず望
> 遠鏡制御と保守・機器交換のコンピューターを同一の構成にし
> て互換性を保つ...」（原文のまま）

　この二重化方針は、実際のすばる望遠鏡の山頂計算機システムに採用
されました。すばる望遠鏡の一晩の観測当たりの費用は一千万円程度と
いわれています。そこで、すばる望遠鏡の計算機・ソフトウェア開発担
当グループとしては、コンピューター故障やソフトウェアの不具合で観
測が中断する時間を最小限に抑えることを重視して、山麓研究棟に山頂
と同一構成のシミュレータや試験システムを置き、山頂のシステムが故
障したときに迅速に交換できるように備えました。

■ JNLT では写真乾板を使わない

　報告書第6章には「観測装置の制御」の節があります。観測装置の制御に必要な項目はほぼ揃っており、観測装置はCCDなどの電子受光素子を想定したデータ量の見積もりや観測データの転送方式も検討されています。制御項目の洗い出しには望遠鏡と観測装置の関係や観測の流れを想定することが不可欠です。注目点は観測装置に写真乾板を使うことが想定されていないことです。ところが、報告書第7章にある望遠鏡ドーム下部の図面には複数の暗室が並んでおり写真乾板の現像処理をすることを想定した設計になっていました。これは計算機・ソフトウェア関係者の先読み能力と望遠鏡や観測装置開発関係者の現状重視指向の違いが如実に現れていて面白いところです。1つの報告書の中で整合性がとれていないのはまだ検討途中ということで、全体を通した調整はしなかったのでしょう。

4.1.4　大型光学赤外線望遠鏡計画説明書

■コンピューター端末が制御盤になる

　技術調査経過報告書が発表された3年後の1990年にJNLT建設のための調査予算がつきました。その前年の1989年9月に図4.1右の大型光学赤外線望遠鏡計画説明書が完成しました。これを見ると3年間の技術検討の進み具合がわかります。制御系についてはソフトウェア依存度が高まっていることが強調されています。「制御系」の章の冒頭の一部を引用しましょう。

> 「望遠鏡及び観測装置を観測者の意志に沿って動かすためのマンマシーンインターフェースと、機器の保守・監視も含めた柔軟な制御を実現するように制御系は設計される。」

　具体的には制御コンソールがあげられています。マンマシーンインターフェースの中心は制御コンソールです。JNLT以前の望遠鏡にはた

くさんの表示器と押しボタンが並ぶ「制御盤」という言葉通りの形をした専用の制御卓（岡山観測所188cm制御卓は前章図3.2参照）がありました。オペレータは制御卓に表示されるメータや数値を見ながらボタンを押して望遠鏡を動かしたり止めたりしていました。観測装置（カメラ）は望遠鏡の制御卓とはまた別にシャッターを開閉したりするスイッチ類を持っていました。このような専用ハードウェアとして作られた制御卓のハードウェア部分をなるべく少なくし、コンピューターの汎用端末とソフトウェアに置き換えて、柔軟な制御と操作性の向上を図ろうというものです。

　ソフトウェア化といっても、どんな機能をどう実装するかは簡単ではありません。望遠鏡の制御ソフトウェアの中身に関する検討がなされた様子はなく、記述言語としてはマルチタスクを動かせる「CやPL/I」が適しているとだけあります。CとPL/Iの順番が入れ代わっているのが象徴的で、1986年の技術調査経過報告からの変更点はこれだけです。つまり、望遠鏡の制御系検討については、3年間に進展はほとんどなかったということです。また、観測装置の制御系については1986年の段階で要求定義や概念設計はほぼできあがっており、次の段階に進むには観測装置のハードウェアの設計が固まるのを待つ必要があったのです。

■制御系のソフトウェア化の利点

　望遠鏡制御系のソフトウェア化の最大の利点は、オペレータが表示を見て判断し、必要なボタンを押すという一連の操作をコンピューターが肩代わりすることです。それにより、これまでオペレータしかできなかった望遠鏡と観測装置の操作をソフトウェアでプログラミングできるようになります。1988年頃には、野辺山宇宙電波観測所の電波望遠鏡の制御系システムは第2世代のシステムに更新されました。ハードウェア構成もソフトウェアも大幅に変更されましたが、操作方法の継続性を考慮してマンマシーンインターフェースの変更は最小限に止められました。そ

第4章　21世紀の望遠鏡を目指して　83

の後も定期的に制御システムの大改修がおこなわれ、機能と操作性の向上が図られました。

　岡山観測所188cm望遠鏡の制御システムも1986年から89年にかけて、パソコンとネットワークを用いた構成に変更されました（3.2節参照）。このような状況を考慮して、すばる望遠鏡と観測装置のデザインが明確になるのを待って、すばる望遠鏡の制御ソフトウェアシステムの検討を開始するのが得策と判断したのです。

■観測天文学のトータルシステム

　2.1.3項で述べたように、1982年の米科学アカデミーの報告書では、コンピューター資源の整備とよく利用されている代表的な計算処理ソフトウェアの標準化の必要性が強調され、それに合わせるように宇宙望遠鏡科学研究所（STScI）が設立されました。日本でも、1988年の国立天文台発足時に天文学データ解析計算センターが設置されました。その初代センター長が4.1.1項の「望遠鏡ワーキンググループ」に登場した西村史朗です。大型光学赤外線望遠鏡計画説明書には、観測データの解析や管理体制の整備が必要なこと、そして、「望遠鏡、観測装置、データ解析システムを組み合わせて、効率良い天文観測をおこなうトータルシステムをいかに作り上げることができるか、これがJNLTによる研究の成否の鍵を握っている。」と述べられています。データ解析を単なる観測データの処理でなく、理論シミュレーションの結果や観測データベースを用いた他の観測データとの比較などを含めたものととらえているのには感服します。

　しかし、1989年までの時点で、すばる望遠鏡のためのソフトウェアに関する組織的な検討は、望遠鏡本体や観測装置に比べずいぶんと遅れている感じがします。

4.1.5　天文学データ解析計算センターの発足

■ハッブル宇宙望遠鏡ではデータセンターを先に作った

　話が戻りますが、ハッブル宇宙望遠鏡を作るにあたり、ハッブル宇宙望遠鏡で得られる貴重な観測データは、なるべく多くの研究者が利用して科学的成果を上げられるようにすることが前提でした。そして、宇宙望遠鏡のデータを専門に扱うサイエンスデータセンターとして、STScIが1982年に設立されました。ハッブル宇宙望遠鏡が打ち上がったのが1990年であることをみても、アメリカのやり方が長期的、総合的視点に立っていることがわかります。

■思惑が外れたすばる望遠鏡のデータセンター

　さて、日本でもすばる望遠鏡の観測データを扱うためのデータ解析センターの必要性に気づいていた人たちがいました。その一人が西村史朗です。彼の尽力により東京天文台が国立天文台に移行するときに、天文学データ解析計算センターが発足し、西村が初代センター長に任命されました。西村によると、当初センターの名前はすばる望遠鏡のデータを扱う「天文学データ解析センター」にしようと考えていたそうです。

　1980年代にはスーパーコンピューターが日本でも普及し始め、天文シミュレーションを専門とする理論天文学者がスーパーコンピューターを欲しがり始めました。しかし、ただでは手に入りません。理屈が必要です。「知恵者」はどこにでもいるもので、すばる望遠鏡の観測データに絡めてシミュレーション計算が大事だということになりました。同じ計算機なのだから観測データ処理だけでなくシミュレーション計算も一緒にして、計算センターの役目も持たせようという力が働きました。いわゆる「他人の褌」作戦です。その結果、すばる望遠鏡のためのデータセンターは総花的な「天文学データ解析計算センター」という大変長い名称になり、古在台長と西村が当初考えていたすばる望遠鏡のためのデータ

センターとは位置づけと性格が変わってしまったとのことです。名は体を表すといいますが、このセンター名を見ただけではすばる望遠鏡との関係を連想することが難しくなってしまいました。

　本来なら、このセンターの中に大型望遠鏡計画調査室と協力して、すばる望遠鏡のためのソフトウェアを検討するグループを作るのが自然だったのだと思います。しかし、「データ解析計算センター」になったためにセンター内に専任のすばる望遠鏡のソフトウェア開発担当者を配置することが難しくなってしまいました。このようなすばる望遠鏡建設計画を推進するための組織の構造上の問題がソフトウェア検討グループの形成を遅らせた原因だったのではないかと考えられます。

　1991年にすばる望遠鏡の建設予算がつくと、本格的にソフトウェアの検討が始まります。その検討の主役はどういう人たちだったのでしょう。

4.2　光学天文連絡会の活動

　大型光学赤外線望遠鏡の計画（JNLT計画）には東京天文台の研究者だけではなく、日本全国の光赤外天文学研究者がかかわっています。その活動の中心が光学天文連絡会（光天連）です。日本学術会議天文学研究連絡委員会がJNLT計画を採択した1984年当時の会員数は194名、JNLT建設の調査予算がついた1989年当時の会員数は261名です。会員数が5年で3割も増加したのには、JNLT計画の影響が少なからずあったのだと思います。1980年代後半は、新しい大型望遠鏡への期待とCCDという新しい2次元の光学撮像素子の登場という時代でした。この節では、この時代の流れの中での光天連の動きを追ってみましょう。

4.2.1　データ解析ワーキンググループの活動

■天文データ解析ソフトウェアIRAFの登場

　1980年頃に天文観測装置の受光素子としてCCDが注目され始めまし

た。それと時を同じくして、1981年にアメリカのキットピーク国立天文台[4]でIRAF（The Image Reduction and Analysis Facility）開発プロジェクト[5]が始まりました。これは天文観測データの画像処理と解析をおこなう汎用的なソフトウェアシステムです。このシステムは拡張性とマルチプラットフォームを始めから想定して設計されていました。1985年には、VAX/VMSとSun workstation/UNIXで動くものが完成しました。1986年には、VMSとUNIX版が約40の研究機関に配られました。その研究機関の1つが東京天文台（のちの国立天文台）です。その後改訂が重ねられ、天文画像データ解析システムの世界の標準になっていきます。日本でも徐々にIRAFを導入するところが出てきました。1980年代後半はワークステーション（WS）が普及し始めた頃で、まだ非常に高価で、イメージディスプレイも合わせると1000万円規模になるため、導入できるのは限られた大学だけでした。また、独自に天文データ解析システムを開発・構築することはもちろん、IRAFの環境をWSの上に構築するのもたやすくありませんでした。

■日本における天文データ解析システム開発構想

　このような状況で、「"天体の画像解析"にかんする要望書」が1988年5月30日に、兼古昇（北海道大学）、関宗蔵（東北大学）、山崎篤磨、小倉勝男（國學院大學）、水野孝雄（東京学芸大学）、若松謙一（岐阜大学）、定金晃三（大阪教育大学）、平井正則（福岡教育大学）の有志8名から東京天文台長古在由秀に提出されました。これを受けて、光天連が同年6月にデータ解析ワーキンググループを発足させました。メンバーは、関宗蔵、小倉勝男、渡部潤一（東京大学）、岡村定矩（東京大学）、若松謙一、平田隆幸（京都大学）、西田実継（神戸女子大学）の7名です。この第1

4.Kitt Peak National Observatory。1982年に他の天文台と統合して国立光学天文台（National Optical Astronomy Observatory）になった。

5.IRAFの開発の中心人物はTucsonにあるNOAOのDoug Tody。

回会合として、「データ解析の体制に関するワークショップ」が、1988年7月19、20日に東京大学木曽観測所で開催されています。この報告書には基本的認識として、

① データ解析が天文学の研究上で極めて重要になってきたのでそのための体制の整備・充実が必要
② 新たな解析システムの開発とそのための人材養成と確保が不可欠
③ ソフトウェアの分野でも日本の光学赤外線天文学が世界に貢献できる体制を整えることが必要。具体的には、国立天文台の「天文データ解析研究センター」をデータ解析・データベースのナショナルセンターとし、ハードウェア、ソフトウェア、データ[6]管理・提供、および海外諸機関との窓口の業務をおこなう

と述べられています。当時の状況をうかがわせる議論もありますので以下に引用します。

> 「現状の国立大学共同利用機関では計算機及びソフトの開発の専任者は少ないものの、所内外の研究者・院生等の協力が得られるよう種々の制度上の工夫がなされている。専門家を導入する外国の体制はそのまますぐ日本に適用できるものではない。」（原文のまま）

これは、少人数の天文研究者だけでできる程度のものを想定していたのか、それとも、この程度の人員、人材で十分だと考えていたのか、大変興味深いところです。

4.2.2　報告書：「データ解析・データベース　現状と展望」

光天連は会員に対してアンケート調査を頻繁におこなっていました[7]。

---

6. ここでいう「データ」とは、フランスのストラスブール天文データセンター（CDS）が公開している天文データベースのようなものをイメージしていたようだ。
7. 科学研究分野には、光天連のような研究者の連絡会がたくさんあるが、天文分野の研究者は特にアンケート調査が好きなようで、他分野に比べて頻繁にアンケートが実施されているようだ。

第4章　21世紀の望遠鏡を目指して

データ解析ワーキンググループも発足後すぐに、光天連会員を対象にデータ解析に関するアンケートを実施しました。アンケートの発送総数約200に対して、回答数は48でした。この回答率の低さはデータ解析に関する研究者の関心の低さを反映しているのだと想像できます。やったことのあるデータ解析の種別では写真乾板とCCDの割合が4：6で、この当時すでにCCDが使われ始めていたことがわかります。その解析に使ったソフトウェアは自前、国内グループのもの、外国のものが、4：3：3。代表的なソフトウェアは国産ではSPIRALとKIPS、外国産はIRAFです。

■データ解析システムは大事

翌1989年11月に、データ解析ワーキンググループは、「データ解析・データベース　現状と展望」という報告書をまとめています。この報告書の「はじめに」の冒頭を引用します。

> 「1.1　はじめに
> 望遠鏡、観測装置、データ解析システムは現代の観測天文学を支える三本柱である。半導体技術や光制御技術の発展に伴い、天文観測で得られるデータは近年極めて複雑多様化し、その量は加速度的に増大している。観測装置とデータ解析システムを有機的に組み合わせ、観測終了から最終データを得るまでの時間を可能な限り短縮し、膨大な情報の中から、天文学者の要求に従って必要な情報を抽出し、必要な形にして瞬時に目のあたりに見せてくれる有効なトータルシステムの開発なしには、世界をリードする天文学研究は成し得ないといっても過言でない。……（後略）」（原文のまま）

今ではこの三本柱は当たり前の常識ですが、ここでわざわざ「データ解析システム」に言及しているのは、必ずしも常識ではなかったということを示唆しています。

■ソフトウェア作りは誰がする

　もう少し引用しましょう。「1.4　データ解析システムの構築にあたって」では以下のように述べています。執筆者は岡村定矩で、東京大学木曽観測所の天文画像データ解析システムSPIRALの開発の主導者です。SPIRALは写真乾板とCCDカメラのデータに基づく銀河の表面測光ソフトウェアで開発当時は世界第一線の性能でした。

> 「(3)　ソフトウェアの開発及び支援体制
>
> データ解析システムの構築にあたって常に問題となるのは、膨大な量のソフトウェアの開発をどのようにおこなうかである。私見であるが、従来我国の光学天文学分野においては、天文学におけるデータ解析システムの役割が正しく認識されていなかったきらいがある。「天文学をおこなう研究者」と「ソフトウェアを作る研究補助者」と「ソフト屋」という思考パターンが存在し、各研究者が知らず知らずのうちに、自らの意識をそのパターンに押し込めて、お互いの領域に足を踏み込まない礼節を身につけてしまったような気がしてならないのである。もしこれが筆者の著しい誤解でないとすれば、ソフトウェアの開発及び支援体制のぎろんの第一歩は意識改革から始めなければならない。…（中略）…天文学のアプリケーションソフトは、少なくとも開発の第一段階では天文学者が作る必要がある。ソフト開発のプロではないだけに、適切なsteering personなしでは、結局はゴミの山を作ってしまうことすらありえる。この観点からは、かなりマンパワーと設備のある何れかの機関が中心となって、全国のデータ解析システムの開発や支援を強力におこなう必要がある。…（後略）…」（原文のまま、一部省略）

　実際に大規模な天文データ解析システムを開発した経験がにじみ出ている感じが伝わってくると思います。

90　　第4章　21世紀の望遠鏡を目指して

当時、天文データ解析のための標準ソフトウェアはまだ存在しない状況でした。天文研究者が観測データの解析をするとき、どのような解析をするかを考え、必要なソフトウェアを選びます。適切なソフトウェアがなければ自作するか、既存のソフトウェアでできる処理で満足するか、諦めるかです。一流の研究者だったらどうするでしょう。その意味で、SPIRALの開発者は日本では数少ない一流の研究者だったのだと思います。

■検討は若者任せ

　このように1980年代後半の日本は、データ解析システムは重要だと漸く認識され始めた段階で、実際に使える本格的なデータ解析システムはSPIRALくらいしかありませんでした。データ解析ワーキンググループでは、すばる望遠鏡ができたときに、どのようなデータ解析システムが必要かという具体的中身や、その開発をどのように進めるかについての検討がおこなわれた形跡はありません。データ解析システムが必要であることを確認したことが大きな成果でしょう。そして、データ解析システムの開発や整備は、国立天文台の天文学データ解析計算センターが中心となって、光赤外研究コミュニティの協力の下に進めることを西村センター長は目指していたようです。具体的な方向性は、画像処理に関心のある全国の若手の活動に期待していました。岡山観測所の佐々木敏由紀が1989年に1年間のハワイ大学滞在から帰国し、分光データの処理もできることからIRAFの導入を強く勧めました。木曽観測所のSPIRAL拡張かIRAF導入かのつっこんだ議論の末に、IRAFを導入しSPIRALをIRAFに移植してIRAFでの撮像処理機能の拡充を目指すことになりました。

4.3　すばる望遠鏡のためのソフトウェアをどうしよう

4.3.1　天文情報処理研究会

　いくつかの大学や天文学データ解析計算センターでIRAFが使えるようになると、データ解析ワーキンググループで、天体画像データの処理やIRAFによるデータ解析環境の構築に関する情報交換の必要性が議論され、IRAFの普及を目的にしたIRAF担当者会が、1990年1月に結成されました。その中心となったのが木曽観測所の濱部勝、市川伸一、岡山観測所の佐々木などです。IRAF担当者会は1年間の活動で初期の目標をほぼ達成しました。

　翌1991年9月には、IRAF担当者会が中心となって、X線や太陽分野のほか、メーカーも含めた新たな組織として、天文情報処理研究会（天情研）に衣替えしました。始めはIRAF勉強会が中心でしたが、天文データの標準形式のFITSや、データベースシステムなどに関する情報を、JIRAFNETネットで全国の研究者に配信するなど次第に活動の幅を広げ、参加45機関87名の研究会に発展しました。天情研は、国立天文台、東京大学（木曽観測所含む）、京都大学等の有志が集まった、ボトムアップの研究会として生まれ変わり、天文学の諸分野での情報処理を推進するための活動を活発におこなう組織になりました。この天情研がすばる望遠鏡のデータ解析について先導的役割を果たすようになります。

　天情研の活動の中心は、若手研究者と研究員や大学院生が大部分でした。若手にとってすばる望遠鏡は未来の望遠鏡ではなく、自分が明日使う望遠鏡だという気持ちが強かったのだと思います。日本の光学赤外線望遠鏡では、マンパワー不足とハードウェア優先の考えが強いため、観測装置が完成した後にやっつけ仕事でデータ取得・解析ソフトウェアが作られるのが普通でした。さらに、データファイルの形式について、標準化のような面倒なことは考えず、観測装置ごとに勝手に作るのが当たり前でした。データ処理ソフトウェアは観測装置のおまけのような扱い

で一般利用者向けのマニュアルがあるものはまれでした[8]。そのため、観測装置をその開発者以外の研究者が使おうとすると、観測効率が悪かったり、取得したデータの処理方法がよくわからず、結果を出すまでに大変な時間と労力が必要だったりしました。すばる望遠鏡がそうならないようにしなければならない、というのが特に若手研究者にとって切実な問題でした。

　すばる望遠鏡の制御システムの仕様がほぼ決まり、すばる望遠鏡のための第1期観測装置の検討が急速に進んでいる状況の中で、データ取得・解析システムを含むすばる望遠鏡のためのソフトウェアシステムの検討が遅れをとれば、今までの繰り返しになってしまう。そうではなくて、すばる望遠鏡では、観測からデータ処理、データの保存から公開までの全体を統一した総合的なシステムを目指そうという機運が天情研の若手の中で高まりました。

4.3.2　SDATの活動

■すばる望遠鏡のためのデータ取得検討チームの発足

　1992年2月の第9回天文情報処理研究会の会合で、データ取得解析研究チームSDAT（Subaru Data Analysis Team）が結成されます。主なメンバーは、東京大学木曽観測所の市川隆、濱部勝、吉田重臣、国立天文台の市川伸一、西原英治、京都大学宇宙物理の加藤太一、国立博物館の洞口俊博、東京大学天文教室の土居守、通信総合研究所の青木哲郎です。SDATは、ほぼ隔週で1年間に22回の会合を開き、1993年3月には「すばる望遠鏡に関するデータ取得・解析システム提案書」を出版しました。集中して検討を重ね、短期間に提案書がまとまったことから、メンバーの意気込みがわかります。検討メンバーは、木曽観測所の105cm

---

8. そもそも、写真乾板ならデータ取得ソフトウェアは不要だし、現像すれば画像が肉眼で直接見えるので、ソフトウェアの出番があまりなかったということもあり、年配の天文学者がソフトウェアの役割を軽視したのも理解できる。

第4章　21世紀の望遠鏡を目指して　93

シュミット望遠鏡による撮像観測や岡山観測所188cm望遠鏡による分光観測、CCD撮像観測に携わってきた者がほとんどで、その経験から何を検討すべきか、また、何をしたいか、ポイントが明確だったのでしょう。

これまでの光天連のデータ解析ワーキンググループの活動は、すばる望遠鏡時代の天文データ処理をどうするかという観点であり、すばる望遠鏡に特化したものではありませんでした。一方、SDATは検討対象がすばる望遠鏡です。現代の望遠鏡システムは、望遠鏡制御だけでなく、観測準備から観測の実行、データ取得、データの保存・管理からデータ解析まで一連の流れの全ての段階でソフトウェアが関与します。しかも、そのソフトウェア群は互いに連携して動かなければなりません。したがって、望遠鏡のソフトウェアシステムを検討するとき、望遠鏡や観測装置のハードウェアのみならず、望遠鏡の立地条件や観測所の組織まで考慮する必要があります。日本の天文学者は大変な勉強家です。SDATでも外国の状況についての情報収集から始めました[9]。この調査がどの程度役立ったのかはわかりません。それよりも大事なのは、すばる望遠鏡のあらゆる検討状況を知ることです。そのため、望遠鏡計画の推進主体である国立天文台の「すばるプロジェクト室」との密接な協力が必要になります。

一方、すばるプロジェクト室の方でも、望遠鏡の全体像が見えてくると、制御用計算機やネットワーク、データ処理のための計算機とソフトウェアが検討項目に上がっていました。制御系の仕様が固まりつつあった1991年12月には、「すばる望遠鏡の制御計算機システム」ワークショップが開催されました。世話人は、市川隆、市川伸一とすばるプロジェクト室の総務担当の唐牛宏の3人です。このワークショップの集録が残っていますが、それを見ると、両市川が「このままではいかん、何とかせ

---

9. 日本でも45m野辺山宇宙電波望遠鏡や、10m × 6素子電波干渉計が稼働していたが、電波と光では違うと考えたのか、野辺山のシステムを参考にした形跡はない。

ねば」と思ったのではないかと想像します。両市川がSDATを立ち上げたのが、このワークショップの2ヶ月後でした。ところが、すばるプロジェクト室の方には目立った動きはありませんでした。当時のすばるプロジェクト室では、制御ソフトウェアの検討が先行し、データ解析ソフトウェアの議論は遅れていたのです。

■すばるプロジェクト室はSDATに期待

　SDATの活動が始まると、毎回の会合のまとめがすばるプロジェクト室のプロジェクト会議に報告されました。SDATでは、まず始めに、山頂制御棟に設置する計算機環境の検討がおこなわれました。コンピューターに必要な電力や床面積、山頂の望遠鏡と山麓のヒロ市内に設けるすばる山麓研究棟を結ぶネットワーク回線などについて具体的に見積もると、それまでのすばるプロジェクト室の想定値が小さすぎることが明らかになります。山頂の制御棟の設計や予算規模に影響するため、すばるプロジェクト室としてもほってはおけなくなったのでしょう。第3回のSDAT会合には、すばるプロジェクト室から、総務担当：唐牛宏、制御系担当：田中済、予算担当：野口猛、と欧州南天天文台（ESO）での観測経験がある家正則の4名が出席しています。さらに、山麓研究棟にどの程度の規模のコンピューターが必要になるかは山麓研究棟の役割に依存します。いわゆる勝手連であるSDATがその役割を決めるわけにはいきませんから、すばるプロジェクト室の考え方と擦り合わせが必須です。1992年4月28日の第5回SDAT会合には、すばるプロジェクト室から、海部宣男室長、天文学データ解析計算センターから西村史朗センター長、理論研究系から小笠原隆亮などが出席しています。すばるプロジェクト室としてもSDATでの検討の大切さを認識したのだと思われます。問題がわかれば、すばるプロジェクト室の動きは迅速でした。1992年5月6日のすばるプロジェクト室会議で、海部室長からすばるプロジェクト室のスタッフ増加に伴う体制の強化案が提案されます。計算機・ソフトウェ

アについては、計算センターの市川伸一がすばるプロジェクト室の併任になり、ソフトウェア担当のチーフになりました。チーフといってもほかにスタッフはいませんでした。

■近未来望遠鏡の夢を追求

　SDATはボトムアップ組織としてできあがったので、あまり制約条件を考慮せず、自由に検討や議論を進めることができました。例えば、当時ESOでは、南米チリにある3.5m NTT望遠鏡を、ドイツのガーヒングにあるESO本部からネットワーク回線を通してリモート観測をするシステムが最終テストの段階になっていました。それならすばる望遠鏡でもリモート観測をできるようにしようと検討がおこなわれました。また、すばる望遠鏡で取得した観測データの解析を、望遠鏡のあるハワイと研究者のいる日本のどちらでおこなうのかも問題です。当時の国際インターネット回線の性能では、太平洋をまたいでリモートでデータ解析をすることは困難でした。さらに、すばる望遠鏡のデータ生成率に見合ったデータ処理量を見積もると、スーパーコンピューター規模の性能の計算機資源が必要になります。ではどうすれば良いか。実際に導入することを考えなければ、国際通信回線と最高性能のハードウェアが相手ですから、楽しい議論だったと思います。

　観測の流れに従って、どのようなソフトウェアが必要になるかが検討されました。観測計画作成時には天体カタログデータの検索や観測シミュレータ、観測中に観測データを確認するためのクイックルック、データの解析時にはアーカイブデータの検索、などの項目が挙げられています。必要なデータ処理量の見積もりはそれほど難しくありませんが、実際にその処理をするソフトウェアを考えるのは大変です。SPIRALの開発経験はありましたが、データ処理ソフトウェアの中身の検討はあまり進んだ様子がありません。観測データの処理はIRAFベースでおこなうことを想定していたせいかもしれません。

96　　第4章　21世紀の望遠鏡を目指して

新しいことを始めるにあたって重要なのは、ひとまず現状の制約から離れて、近未来に何をしたいか、それがどうしたらできそうか、という夢を集めて語ることではないでしょうか。電子・情報処理技術の進歩は目覚ましく、コンピューターやソフトウェア技術が加速度的に発展する現代こそ、この夢を実現させるチャンスが、すぐ近くにごろごろ転がっているはずです。でも夢がなければどうなるでしょう。SDATはすばる望遠鏡という近未来望遠鏡の夢を追うボトムアップ集団だったのだと思います。

4.3.3　すばる計算機コアグループの発足

■すばるプロジェクト室が検討開始

　SDATと違い、すばるプロジェクト室は夢を語るのではなく、実際の物作りを進める組織です。SDATの活動に誘発されたのか、1992年6月29日のすばるプロジェクト室会議で、それまで後回しになっていた計算機やソフトウェアを担当する、すばる計算機コアグループ作りの検討が、市川伸一、野辺山宇宙電波観測所の近田義広、理論天文学研究系の小笠原隆亮の3人に依頼されました。それと並行して、7月28日の第10回SDAT会合で、海部すばるプロジェクト室長が、すばるの総合的な計算機システムおよび望遠鏡と観測装置の計算機インターフェースの検討をSDATが担当するよう正式に依頼しました。この時点から、SDATがトップダウン型の役割も担うようになりました。

　すばるプロジェクト室では、メインのコンピューターは解析用大型計算機になると想定して、ソフトウェア開発だけでなくハードウェア面も含んで、どのようなものになるか、そのイメージ作りを始めました。計算機コアグループの3人のほかに、海部室長、総務担当の唐牛宏、制御担当の田中済が加わりました。当時、国立天文台には、天文学データ解析計算センターと野辺山宇宙電波観測所に大型計算機システムがありましたから、イメージ作りには、それらを参考にすることができました。

というよりも、野辺山の計算機グループの責任者の近田をすばるに引っ張ってきたというのが実情でしょう。実際、1992年10月に、近田がすばるプロジェクト室に異動してきました。

■スケジュールだけが先に決まる

　山頂の望遠鏡本体の建設スケジュールは、製作にかかる時間だけでなく、建設予算の年次配分からも大きな制約を受けます。コンピューターの導入スケジュールは、望遠鏡の建設スケジュールと予算スケジュールの両方の制約を受けます。さらに、すばる望遠鏡が日本でなく、米国のハワイにあることが、コンピューターの調達手続きを複雑にします。大型計算機システムになると、ハードルはさらに高くなります。案の定、すばる建設予算の概算要求が前倒しで認められ、観測制御計算機システムは、1993年度に納入を始めなければならなくなりました。すばる望遠鏡のためのコンピューターシステムの全体像がほとんど見えていない状況で、観測制御計算機ハードウェアの納期が決まったのです。観測制御計算機システムは、ソフトウェアとハードウェアの両面で、望遠鏡制御計算機やデータ解析計算機、さらに、それらを結ぶネットワークに関連します。のんびり検討をする時間的余裕はありませんでした。計算機コアグループの検討は、国立天文台内の野辺山と三鷹本部の2カ所の大型計算機システムの更新スケジュールとマッチするように、すばる計算機システム導入のマスタースケジュール作りが中心になったようです。

　一方、システムの中身の検討はSDATで精力的に続けられ、1993年3月に、すばる望遠鏡に関するネットワーク、データベースシステム、データ解析システム、データ取得系および観測手順、の5つの提案がまとめられ、「すばる望遠鏡に関するデータ取得・解析システム提案書」がSDAT、すばるプロジェクト室、東京大学木曽観測所の連名で発表されました。ボトムアップ組織のSDATは、この提案書の完成をもって解散してしまいました。

4.4 すばるソフトウェア仕様検討会の活動

4.4.1 「すし」の発足

　計算機システムを導入するためには、これこれのシステムが必要であるという仕様書が不可欠です。すばる計算機コアグループだけでこの仕様書を作ることは不可能です。たぶん期待していたであろうSDATが解散してしまい、あてが外れてしまったのではないかと思います。1993年2月22日のすばるプロジェクト室会議の議事録に、「観測装置用計算機のソフトウェア部分の仕様作成は非常に厳しい。調達の官報公示を10月1日まで遅らせる。」という記録があります。

　すばるプロジェクトとして仕様を早急に詰めないと、計算機システムの調達ができなくなってしまいます。そこで、急遽、仕様書準備会を設置することになりました。これが通称「すし」です。すばるプロジェクト室メンバーだけでは、人数と人材の両方が足りませんから、適切な人材に協力を求めるしかありません。すばる計算機コアグループで、全国から候補者をリストアップしました。このリストをもとに参加者を募り、1993年3月2日に木曽上松で開催された天文情報処理研究会の終わりに、「すばるソフトウェア仕様検討会」通称「すし」が旗揚げされました。これの意味するところは、すばる望遠鏡のためのソフトウェアについて見識のある研究者のほとんどが、若手を中心とした天情研のメンバーだったということです。「すし」に参加表明した30名の所属の内訳は、国立天文台：15、東京大学：6、京都大学：4、その他：5です。ここで凄いことは、国立天文台外の協力者が半数いるということです。責任者の近田は、実際にすばる望遠鏡を使用することになる若手にアイデアを出してもらい、年配者が実作業をする、というスタイルを考えていたようです。1993年には、岡山観測所188cm望遠鏡制御系を作成していた佐々木が岡山観測所から三鷹本部に転任し、ソフトウェア担当のスタッフが増えることになりました。

コラム　計算機ソフトウェア開発中のソフトボール大会

　計算機と格闘して作業を続けているソフトウェア開発の若者たちにとっては、健康状態を維持・改善するための気晴らしも必要です。計算機ソフトウェア開発で懇意にしている国立天文台の計算センターの方々やそのほかの方々と何回か三鷹キャンパスでソフトボール大会を開き、リラックスしました。ソフトウェア開発中の作業日誌に残っているメモでは、すばるソフトウェア開発チームと計算センターチームとの対戦成績は、4勝3敗2引分でした。スコアは30点対20点の試合もあり、和気藹々とゲームを進めたものです。すばるチームでは熟年パワーがかなりの威力を発揮していました。

図4C.1　ソフトウェア大会の後の慰労会にて（1995年6月3日、国立天文台三鷹グラウンド）

4.4.2 「すし」での検討の進め方

■「すし」はSDATを継承

　SDATの検討では、すばる望遠鏡の観測システムとして、望遠鏡、ドーム、観測装置のハードウェア制御とデータ取得、データ解析、観測や保守作業の運用管理にわたる総合システムが考えられていました。「すし」は、佐々木たちにより別途検討が進んでいた望遠鏡制御ソフトウェアをあわせて、SDATの提案書の続きから始めることになりました。目標と

するシステム像は同じです。SDAT 提案の中身を具体化して仕様書にまとめるのが「すし」の仕事です。そこで、赤外シミュレータ、観測装置、望遠鏡本体のハードウェアとソフトウェアの関係や、緊急度を考慮して、5年間の工程表を作ることを当面の目標にして、検討が始まりました。計算機システムの調達契約期日が決まっていましたから、それに間に合わせるために、週1回のペースで会合が開かれました。

■「すし」はすばるプロジェクト室の組織

すばる望遠鏡建設にあたって、プロジェクトチームがボランティアチームと違うところは、目標と期限が始めから決まっていることです。さらに、プロジェクトを進めるための、予算や事務支援のためのスタッフがつくことが大きな利点です。事務支援スタッフがいないと、立場の弱い大学院生や研究員に雑用や事務仕事がまわったり、弱小チームだと、責任者やまとめ役が事務仕事も一手に引き受ける、ということが起こりがちです。これは、事務仕事にコンピューターが導入されて、研究者でも事務仕事が簡単にできるようになったことが一因だと思います。簡単にできるなら、専門の事務支援スタッフがいなくてもいいじゃないか、という安易な「効率化」圧力が働きます。これが進行すると、本来の目的に使える時間が減少し、チーム全体としての効率が落ちるという結果になります。「すし」のように、突貫スケジュールで仕事を進めるためには、チーム内の事務支援スタッフを含めた人員配置と明確な役割分担が極めて重要になります。

■議論は発散から始まる

「すし」では、どのように検討が進んだのでしょうか。突貫工事がどのように始まったのか、少し見てみましょう。第1回会合は、チーム立ち上げ8日後の1993年3月10日に国立天文台三鷹本部で開催されました。出席者はメンバーの約半数です。「すし」の仕事は、すばる望遠鏡制御計

第4章　21世紀の望遠鏡を目指して　101

算機システムの全体像を明確にし、仕様書にまとめることです。まず、現状を理解するために、それまでにおこなわれてきた検討の概要説明から始まりました。市川伸一が、SDATで集中的に検討して作った提案書の大まかな内容と、すばる望遠鏡の建設予算の概算要求時にエイヤッと作られた計算機システム構成案の説明をしました。概算要求の計算機システム構成案には、山頂、山麓研究棟、三鷹本部の3カ所にスパコンが入っていました。佐々木敏由紀が、すばるプロジェクト室のすばる制御系分科会で策定した望遠鏡本体の制御系の全体設計の紹介をしました。次に、すばるプロジェクト室の野口猛から、すばる望遠鏡のファーストライトまでの5年間の全体工程が紹介され、近田義広から、計算機システムハードウェアとしてどんなものをいつ入れるか、その考え方が示されました。どんなハードウェアが必要なのかは、使用目的から決まります。そこで、すばる望遠鏡のための計算機システムに対する望遠鏡ハードウェア側からの要件として、何がいるのかの説明が、すばる推進室の野口猛からありました。

　どのように検討を進めるかで議論になりました。すばる推進室側は、望遠鏡本体を作っている三菱電機との分担を考え、計算機以外の部分を含めたインターフェース条件と、予算を含めた全体工程など、ソフトウェアの外部仕様から詰めていく方針でしたが、参加者からは、ソフトウェアの中身の検討をしなければならないという意見が出て、議論が主催者側の想定と離れて発散していきます。天情研に集まった若手研究者がメンバーの中心ですから、

① 本当に何が必要か、落ちがないように完璧を目指さねばならない
② 理想は高く、実現できるかはまず置いておこう
③ 望遠鏡制御、データ取得、データアーカイブ、データ処理を1つの流れとして捉えた統合システムを作ろう

という雰囲気がありました。一方、ボスの近田は、同じことをするにしても、

① どうせやるなら、面白いことをしよう

② どうせやるなら、新しいことをしよう

という性分です。この両者の性格が共鳴して、議論はいろいろな方向に、縦横無尽に発散しました。この発散がブレーンストーミングの役割を果たし、参加メンバーの中に、チームの役割についての共通のイメージが醸成されたと思います。

■近田流メンバー掌握術

仕様作りなどで具体的な検討を始めると、検討の範囲をあらかじめ決めておかないと、話が発散するのが常です。しかし、守備範囲を狭くしすぎると、見落としが出る可能性があります。「すし」では、まずは広く全体を俯瞰して、新しいアイデアを思いついたり、自分のやりたいことを全体の中から見つける余地を広げたりすることから始めました。これは、プロジェクト管理の視点からは無駄なように思われますが、研究者集団が中心のチームの場合、全体に自由な雰囲気とモチベーションが極めて大切です。自由な雰囲気と勝手気ままに仕事を進めるのとは違います。ポイントは、共通のモチベーションの有無にあると思います。研究者チームで作業が円滑に進むかどうかは、リーダーがこの塩梅がうまくみられるかどうかにかかっています。

最後に、次回以降で計算機・ソフトウェアについて具体的な議論が始められるように宿題が出ます。

① SDATの提案書などの基本資料が配付され、次回までに読破しておくこと

② 開発しなければならない技術を試す「遊び場」で何をしたいか

③ ソフトウェアの骨組みについて、いろいろな方面から考えてくること

の3つです。ここで注目したいのは、宿題の②です。時間的余裕のない突貫工事なのに、「遊び場」が出てくるのです。忙しい中でも楽しんで取

り組むことがなければならないという、リーダーの近田の方針が現れて
います。

■遊び場と宿題

　第2回会合は、1993年3月22日に開催されます。すばる望遠鏡建設に
あたって、赤外観測装置の開発や、すばる望遠鏡の立ち上げの予行演習
のために、赤外シミュレータと呼ばれる1.5m赤外線望遠鏡が、1996年に
国立天文台三鷹に設置されることになっていました。すばる望遠鏡ソフ
トウェアの具体的検討をするときに、赤外シミュレータがどう役に立つ
のかが話題になりました。すばるプロジェクト室の佐々木敏由紀は、す
ばる望遠鏡制御系の全体設計概要の策定にあたっていました。佐々木設
計の制御コマンド仕様は、岡山観測所188cm望遠鏡SNGや91cm望遠鏡
OOPSで実装されていますが、さらに、現存の木曽のシュミット望遠鏡
や赤外シミュレータで使うことを想定して、検討することになりました。

　開発内容として、データベースを利用した制御、スケジューリング、
望遠鏡−計算機インターフェースの書式、対人インターフェースなどに
ついては、実際に試作してみようということになりました。そのために
は、担当者が使える試験用のコンピューターと、データベースや画像表
示のためのソフトウェアが必要です。これを「遊び場＝実験場」と考え
て、整備することになりました。この回は、簡単にいえば、遊び場所と
おもちゃの選定会のようなものでした。

　第3回以降の会合も、天文学者のお得意のアンケートをおこなって、
チーム外にも広く意見を求めるなどして、議論は発散気味に進みます。
仕様書は、なるべく広く網羅し、抜けのないものにしなければならない
というのがチームの方針でした。そのため、検討初期の段階では、議論
が発散するのは当然、という雰囲気だったのだと思われます。しかし、
10月初めまでに仕様書を完成しなければならないので、近田は5月25日

104 　　第4章　21世紀の望遠鏡を目指して

開催の第10回会合で、仕様書の各部に担当者を割り当て[10]、7月初めまでに目次作成、9月中旬完成という作業方針を決めました。

4.4.3 「すし」の仕事はシステム調達の技術審査まで

■ソフトウェア調達の難しさ

　すばる望遠鏡のためのソフトウェアシステムの開発は、基本設計、詳細設計、製作、試験を合わせて5年間にわたります。ソフトウェア開発の進展に合わせて、コンピューターとネットワークを順次導入していきます。そのため、ソフトウェアの仕様ばかりでなく、コンピューターやネットワーク機器のハードウェアの仕様も作らなければなりません。この調達はソフトウェア部分が主で、ハードウェア部分の割合が少ないのが特徴でした。当時の大学の計算センターなどのコンピューターシステム調達では、ハードウェアが主で、ソフトウェアはおまけ扱いのものが大部分でした。ハードウェアは仕様書で規定した性能を満たすかどうかは、比較的簡単にわかります。一方、ソフトウェアは、機能を規定するところがあるので、仕様の解釈に曖昧さが残ることが避けられません。したがって、ソフトウェアの機能検証は簡単ではありません。しかも、ソフトウェアを設計するだけで実装なしという場合もあります。その場合、設計の評価は、仕様書を書くことに比べると、格段に難しくなります。すばる望遠鏡のソフトウェア開発は、将に、これへの挑戦でした。「すし」チームの中で、このようなコンピューターからソフトウェアまで全部込みの計算機システムの調達経験があるのは、野辺山宇宙電波望遠鏡システムを担当した近田だけでした。近田は、「10円で入札して、10円しか仕事をしない業者を見分けられるかが問題である」と述べています。この意味は、技術力の伴わない業者が、「全て何でもできます」と

---

10. 制御系担当は佐々木、小杉城治（京都大学）、青木勉（木曽観測所）、飯塚吉三（堂平観測所）。データ取得系は能丸淳一。データ解析システムは市川伸一。計算機システムは小笠原隆亮。共通項目は近田、佐々木、小笠原、市川伸一。

第4章　21世紀の望遠鏡を目指して　105

いって応札した場合、技術提案内容を客観的に審査するのが難しいということです。すばる望遠鏡計画は日本中に知れ渡っていましたから、どんな業者がやってくるかわかりません。「何でもできます」といって応札し、落札できなかったときに、「何で弊社が落ちたのか」と、いちゃもんをつけることを商売にして稼ぐ業者も世の中にはいます。このような業者でなくても、技術力不足の業者が落札して、満足なシステム設計ができないと、すばる望遠鏡建設計画に甚大な支障が出ます。近田の頭を悩ませたのが、このような業者を入札手続きの中でどう見分けられるのかという問題でした[11]。

■技術提案は仕様書を満たしているか

　話を「すし」に戻します。リーダーの近田は、仕様書作りが研究者だけで目処が立たない場合は、ソフトウェアメーカーの力を利用することも考えていた節があります。しかし、「すし」チームが検討を始めてから3ヶ月も経つとチームの力もついてきたので、このチームで仕様書作りができると判断したようです。1993年7月初めには、予定通り仕様書の構成が纏まり始めました。制御系は佐々木、データ解析システムは市川伸一、データ取得は能丸淳一、コンピューターシステムは小笠原隆亮、の4人の分担責任者から仕様書目次と構成案が提案されました。大型光学赤外線望遠鏡「観測装置制御用計算機・ソフトウェアシステムの一部」という長たらしく、なんだかよくわからない調達名も決まり、10月に調達の官報公示を出せる見込みが立ちました。

　仕様書は9月末には初版が完成しました。この調達は1993年から1995年の3年国債で執行するため、官報公示は10月を予定していました。ところが、事務手続きのミスがあり、1993年11月19日官報公示、12月3日仕様書説明会、1994年1月11日応札締め切り、1月25日開札という予定

---

11. 答えが見つかったかどうか、近田本人に聞いたことはない。聞けば、「あると思う？」という答えが返ってくるだろうから。

になりました。そのため、仕様書を改訂する時間的余裕ができました。「すし」の仕事は仕様書完成で終わったわけではありません。応札した業者からの提案内容に対する技術審査があります。応札から開札まで2週間ですから、その間に審査結果を出さなければなりません。これは予想以上に大変な仕事です。技術審査は正式に任命された技術審査職員によっておこなわれますが、審査職員になって初めて仕様書を見たような人では、提案内容が仕様書の要件を満たしているかを技術的な観点から判断するのは困難です。そこで、審査職員は「すし」の中心メンバーの中からも選ばれることになります。1994年1月25日の改札の結果、富士通株式会社が落札しました。この時点で「すし」の使命が終了しました。

4.4.4 「すし」で決めた「観測装置制御用計算機・ソフトウェアシステム」とは

「すし仕様書」は、望遠鏡・観測装置の制御システム、データ取得システム、データ解析システム、データベース管理システム、ネットワーク管理機能、管理開発支援機能からなっています。望遠鏡・観測装置制御システムおよびネットワーク管理機能は、すばる望遠鏡制御系分科会での提案をベースに記述されています。データ取得システム、データ解析システム、データベース管理システムはSDATの検討を元に記述されています。「すし仕様書」では、すばる望遠鏡計算機システム・ソフトウェアの概要を記述し、契約の中でその詳細を決める作業をおこなうことになります。それぞれに分けて説明しましょう。なお、すばる望遠鏡計算機システム・ソフトウェア全体をSOSS（Subaru Observation Software System）と略称していました。

■制御システム

すばる制御系ソフトウェアは、岡山観測所188cm望遠鏡制御系、SNG観測装置制御系、91cm望遠鏡制御系とOOPS観測装置制御系の経験（第

2章参照）を踏まえて、8mという巨大な望遠鏡の制御ソフトウェアとして設計されました。設計にあたっては、望遠鏡・観測装置の運用の効率化と安全性の確保、ソフトウェア機能の更新の容易さに鑑みて、機能の分散化と運用の統合化を指針としました。すばる制御系を構成する多種のソフトウェアは、コマンドメッセージの交換およびステータスデータと天体データベースの集中管理によるデータの共有化に基づいて、相互に連携して動作します。分散化されたソフトウェアはモジュール化され、ソフトウェアの更新や新たな装置の追加、制御の拡張が、全体システムに影響しないように設計されました。すばる望遠鏡観測制御システムは、以下の構成要素から成っています。(1) 望遠鏡制御系、(2) 観測の統合的制御とステータスデータの一括管理をおこなう観測統合制御系、(3) 個別装置の制御と取得データの管理をおこなう観測装置制御・データ取得系、(4) データ解析システム、(5) データアーカイブ、(6) 大容量データベース（天体カタログデータが含まれる）。コマンド実行のリアルタイム性は100ミリ秒以下を目指し、コマンド発行時刻の司令値と制御対象でコマンドが実行に移される時刻の実値との差は10ミリ秒以内でなければならないとしています。

表4.1　すばる望遠鏡計算機一覧

略号	計算機名	機能詳細	機能種別
OBS	OBservation Supervisor	望遠鏡、観測装置をまとめて観測をおこなう	観測統合制御
TSC	TeleScope Controller	望遠鏡制御	望遠鏡
TWS	Telescope WorkStation	望遠鏡制御ワークステーション	望遠鏡
MLP	Mid-Level Processor	望遠鏡ローカル制御をまとめて実行	望遠鏡
LCU	Local Control Unit	望遠鏡個別ローカル制御	望遠鏡
OBC	OBservation Controller	観測装置制御	観測装置
OWS	Obsevation WorkStation	観測実行ワークステーション	観測装置
OBCP	OBservation Controller for Particular OBE	個別の観測装置の観測制御	観測装置
OBE	OBservation Equipment	個別観測装置のローカル制御	観測装置
VGW	V-LAN GateWay	ビデオ画像の制御	計算機環境
DBS	DataBase Server	データベースの管理	計算機環境
ACW	Access Control Workstation	ネットワークアクセス管理	計算機環境

　これらの機能をおこなう計算機は表4.1に示しました。この検討の中

108　　第4章　21世紀の望遠鏡を目指して

で観測操作がおこなわれるマウナケア山頂でのすばる望遠鏡制御室のイメージ図が描かれました（図4.2と図4.3）。

図4.2 すばる望遠鏡ソフトウェアの設計時に想定されたマウナケア山頂制御室での望遠鏡制御のレイアウト案（佐々木作画、1992年11月）

図4.3 すばる望遠鏡ソフトウェアの設計時に想定されたマウナケア山頂制御室での観測装置制御のレイアウト案（佐々木作画、1992年11月）

■ネットワーク接続

　機能ごとに分かれている計算機は、ネットワークで接続されます。観測実行の計算機の主体はマウナケア山頂すばる制御棟内に設置されていますが、山麓のヒロには山麓研究棟があり、大型の計算機が設置されています。画像データの解析は山麓研究棟の大型計算機の役割です。すば

る望遠鏡で取得された観測データは山頂計算機システムから山麓研究棟の計算機に転送されて保存されます。山頂－山麓研究棟間のネットワーク管理計算機ACW（Access Control Workstation）経由でのデータ転送となります。また、観測計画の立案に必要な天文データベースは、山麓研究棟の大容量データベースに保存されていますので、必要な場合には、山麓研究棟から山頂計算機システムにACW経由で転送されます。当時のシステム構成図が図4.4です。

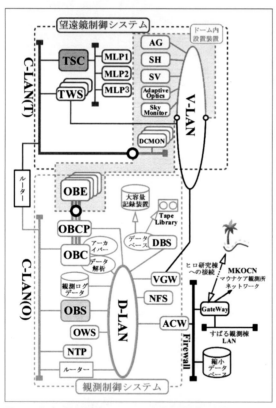

図4.4　すばる望遠鏡制御システムの各制御計算機の配置

計算機間の接続には、転送スピードと転送データ量、接続上の安全性

を考慮して、基本的にはイーサネット（Ethernet）を使うことにしています（表4.2）。ただし、Ethernet接続では、大量データが流されると、ほかのパケットを抑えてトラフィックを占有するプロトコル[12]が使われるため、通信上の問題となる可能性があります。

表4.2　すばる望遠鏡ネットワーク

ネットワーク名	内容	データ種別	スピード	想定回線	接続計算機
C·LAN（O）	制御用ネットワーク	コマンド ステースデータ 時刻データ	100 Mbps 1Hz	Ethernet	OBS TSC OBC DBS NTP
C·LAN（T）	制御用ネットワーク	コマンド ステースデータ	100 Mbps	Ethernet	TSC OBS TWS DCMON
M·LAN	制御用ネットワーク	コマンド ステースデータ	100 Mbps	Ethernet	TSC MLP
V·LAN	ビデオ画像	デジタル／アナログビデオ	>1 Gbps	FDDI	TWS VGW Sky-Monitor SV AG SH
D·LAN	高速データネットワーク	デジタル画像 観測データ、画像データベース	>1 Gbps	FDDI	DBS OBS OBC OWS ACW
E·LAN	装置制御 ネットワーク	観測装置個別制御、UNIX ベース通信	>100 Mbps	Ethernet FDDI	OBC OBCP OBE

　一方、FDDI[13]ネットワークはネットワーク上の衝突で待たされることはありませんので、大容量高速データネットワークに適しています。また、大容量データの流れるFDDIの1パケット長は9キロバイト（KB）ですので、Ethernet の0.57〜1.5KB に比べてかなり大きいことに加えて、

---

12. プロトコルは、ネットワーク上での通信に関する規約を定めたもので、「通信規約」や「通信手順」ともいわれる。
13. FDDI は、ANSI（米国規格協会）が標準化したリング型 LAN の規格。伝送速度は 100Mbps で、伝送媒体として光ケーブルが用いられる。

ネットワークファイルシステム（NFS[14]）の単位パケット長8KBにほぼ
等しいため、NFSを非常に効率よく伝送することができます。そこで、
データベース（DB）サーバー、NFSサーバー等は、FDDIネットワーク
に収容し、望遠鏡制御計算機TSCや観測統合制御計算機OBSなど（表4.1
参照）からのデータベースやファイルアクセスはこのFDDIを通してお
こない、TSCとOBS間の制御・応答はEthernetを介しておこなうことと
しています。

■データ取得システム

　望遠鏡制御計算機（TSC）を制御するのは観測統合制御計算機（OBS）
の機能ですが、観測装置の立ち上げや試験のために、観測装置制御計算機
（当時）であるOBC/OBCPから直接制御することも可能な仕様としてい
ます。そのために、スケジューラの透過モードを用いておこなうことを
基本としていました。観測装置が要求した場合には、望遠鏡機能の、振
動副鏡制御、チップ－チルト副鏡制御、オートガイドシステム制御、ア
ダプティヴ（補償）光学系制御、をOBC/OBCPからおこなうことも考慮
しました。これらの機能は赤外線観測装置で必要となる機能です。

　OBCでは、観測統合制御計算機（OBS）からの制御コマンドを、現在
装着されている観測装置に固有のコマンド群として観測装置を制御しま
す。観測装置の違いはOBCによって吸収されることを目指しました。

　すばる望遠鏡の4焦点には複数の観測装置が提案されていました。最
終的には7台の観測装置が実現しましたが、データ取得システムに必要
な性能を見積もるために、これらの装置から生成されるデータの量と速
度を推定しました（装置リストは、第5章の「コラム　すばる望遠鏡の
観測装置とデータ生成レート」を参照）。

14.NFS は Network File System の略で、主に UNIX で利用される分散ファイルシステムおよびそのプロトコルのこと。ローカルに接
続されたストレージを、ネットワークを介してリモートの計算機に提供する。

112　　第4章　21世紀の望遠鏡を目指して

■データ解析システム

　データ解析システムは、取得した観測データやすでに存在する各種データを処理・解析し、天文学的な成果を得るための総合システムです。IRAFなど、既存のデータ解析システムも存在しますが、それら既存システムの作成時から現在までのハードウェア、ソフトウェアの進歩を踏まえ、すばる望遠鏡計算機システムの一部として、新たに開発するとしていました。なかなか大きな目標設定です。

　データ解析機能として、研究支援、観測支援、簡易処理、一次処理、二次処理、開発支援、管理支援、が挙げられ、最新の解析機能の実現を目標としていました。また、すばる望遠鏡による観測や研究に関連した施設において、どのようなデータをどのように利用するのかを想定しました（表4.3）。

表4.3　すばる望遠鏡計算機一覧（◎：すべての作業、○：データ量、演算の多くない作業（リモート作業含）、△：リモート作業）

機能	山頂	中間宿泊施設	山麓基地	三鷹本部	大学など
観測実行支援					
観測時支援	◎	△	△	△	△
簡易処理	◎	△	◎	○	△
一次処理	○	○	◎	◎	○
二次処理	○	○	◎	◎	○
研究支援					
文献検索	△	△	◎	◎	△
文書作成	—	○	◎	◎	○
データベース利用	○	△	◎	◎	△
保守管理	○	△	◎	◎	○
開発	—	—	◎	◎	○

表の中で、山頂は山頂制御棟内で観測時に必要な機能です。中間宿泊施設はハレポハク（2800m）にある観測者宿泊施設、山麓基地は山麓研究棟、三鷹本部は国立天文台三鷹本部、大学などは各地の研究者のいる大学および研究機関です。

■データベース管理システム

　データベース管理システムは、山麓研究棟の山麓計算機システムを主として、すばる望遠鏡から産出される観測データの貯蔵および解析のための機能を持つすばる望遠鏡計算機システムの中枢としての機能を果たすシステムです。すなわち、世界各国で利用可能な天文学データベースおよびすばる望遠鏡による観測データのアーカイブ機能を備え、観測立案から観測遂行およびデータ解析のそれぞれの場面で研究支援あるいはデータベースを用いた天文学を進めるために用いられます。

　データベースとしては、天体情報データベース、知識情報データベースが想定されていました。すばる望遠鏡を用いて次々に生み出される観測データを遅滞なくアーカイブに追加する機能や、後日観測データを検索できるよう必要な情報をデータベースに登録する機能は必須です。なお、取得した観測データは山頂計算機システムからネットワーク回線経由で山麓研究棟まで転送されます。

　山頂計算機システムでは、観測遂行のために観測時に用いる観測所常備のデータベースとして、望遠鏡と観測装置の諸定数や以前の取得データを含む画像データ、また、各種カタログデータ、天体暦、気象データなどが用意されている必要があります。観測者が持ち込む天体位置データ、追尾データ、画像データと併せて管理できる格納領域を持ち、データベースを有効に活用できる機能を準備しなくてはならないと計画しました。この山頂計算機システムのデータベース情報は、山麓計算機システムで完全なバックアップがされる必要があります。

■管理開発支援機能

　すばる望遠鏡は大規模なシステムで、マウナケア山のすばる望遠鏡の
ある位置は標高4139m、0.6気圧ですので危険の伴うことが起こります。
そのために、すばる望遠鏡を安全に運用するためには、望遠鏡、装置の
安全のみならず、人員の配置を含めた総合的な安全監視・管理機能が必
要となります。これは各種センサー情報をデジタル化し、データベース
管理システムの下で統一的に管理することによって実現されるよう計画
しました。計算機異常検出機能、電源管理機能、障害対処支援機能、を
意図しています。障害レベルとしては、

① 警告レベル：ログに残りますが、即時回復処置はしません。頻発
するような場合は、後日対処します。

② 軽度レベル：当面の稼働には差し支えありませんが、そのまま放
置しておくと稼働障害を起こす恐れがあり、速やかな対処が必要
です。

③ 緊急レベル：致命的な稼働障害を起こす恐れのあるエラーです。
その時点で処置をするか、システムを停止するかします。現地の
スタッフで対処できないときは、応援を依頼することになります。

④ 致命的レベル：システムの停止等を招く原因不明のエラー。ソフ
トウェア上の障害が考えられる場合は、コアダンプを作成する等
の処置をおこないます。その後、システムの再起動を試みます。
頻発する場合は、運用を中断して徹底的な究明をする必要があり
ます。

の4段階です。

　マウナケア山頂の観測時には、望遠鏡操作に精通したオペレータが常
時いますので、いざ対処不可能な事態が発生したら、オペレータが山麓
研究棟、あるいはマウナケア山頂の他の望遠鏡スタッフに緊急連絡をと
ることになります。

　以上が、「すし」で決めた「観測装置制御用計算機・ソフトウェアシス

第4章　21世紀の望遠鏡を目指して　115

テム」の「すし仕様書」の概要です。いよいよ「すし仕様書」に沿った入札業者・富士通株式会社とのすばる望遠鏡計算機システムの設計検討、製作になります。それを次章に述べます。

||||||||||||||||||||||||||||||||||||||||||||||||||||||||||||||||||||||||||||||||||
コラム　高地での能力低下

　人は大気圧が通常の70％くらいになると思考能力や運動機能が低下します。0.7気圧（700hPa）は標高3000mの気圧に相当します。すばる望遠鏡は標高4200mのマウナケア山頂にあります。平均気圧は600hPaでマウナケア山頂に登ると空気が薄いと実感します。地上のつもりで早足で動くとすぐに息切れして酷いときは頭痛になります。このような環境で作業をするのはなかなか大変です。そこで、思考能力や運動能力が地上と比べてどの程度低下するのかを調べました。

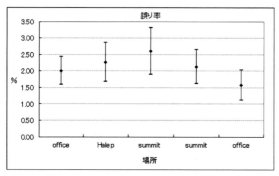

図4C.2　高度の違いによる計算の誤り率　実施場所は、ハワイ観測所山麓施設（図の「office」、標高800m）、ハレポハク（図の「Halep」、標高2800m）、マウナケア山頂施設（図の「summit」、標高4200m）の3地点

　調査方法は簡単で2桁の整数の足し算100問の計算シートを用意し、これを3分間でできるだけたくさん計算してもらいます。答えは3ますの四角枠の中に書くようになっています。例えば

　　57＋74＝□□□　　53＋46＝□□□　　28＋12＝□□□

といったものです。これから、誤り率、訂正（書き直し）率、回答総数を求めます。調査は1995年7月9日と10月31日の2回行いました。山頂での1回目は到着して昼食を食べた直後、2回目は滞在3時間が過ぎた下山直前に行いました。誤り率には個人差がありますが全体としての傾向が見えます。回答総数には有意な差はありませんが山頂では文字が乱雑になり枠からはみ出しているものが増えるという顕著な特徴が見られました。図4C.2のグラフは10月

の試験結果でサンプル数は 10 人です。

第5章　すばる計算機システム要求仕様の検討－「すか」の時代－

5.1　いよいよ富士通との契約第1期（1994年2月〜1996年3月）、さあ基本設計を詰めましょう

　何年も待ってやっと予算がついた1991年にすばる望遠鏡本体の建設が始まりました。総額400億円をかけて9年計画で進められる大事業でした。ハワイのマウナケア山頂ではドーム工事、日本では望遠鏡機械系の製作、アメリカ本土では光学系の製作を、また、観測装置の設計から製作は主に日本で、それぞれの活動が太平洋をはさんで分かれておこなわれており、国立天文台三鷹本部のすばるプロジェクト室はてんてこ舞いです。しかし、まだすばるソフトウェア・計算機システムには予算がついていませんので、少し遅れて検討することが可能と思っていました。このようなときには福が降りてきます。1992年末にはその予算が前倒しで認められ、1993年9月までにソフトウェアシステムの仕様書（「すし仕様書」）を作成することとなりました。その後、「すし仕様書」（4.4節参照）に基づく開発業者が決まった直後の1994年1月28日に、国立天文台三鷹本部にできたばかりのコスモス会館会議室で、すばるのソフトウェア・計算機システムを考える研究会が開催されます。これには、国立天文台を始め、京都大学、東京大学木曽観測所などから、関係者多数が参加しました。ここで、国立天文台のレンタル計算機システムについて、国立天文台三鷹本部の天文データ解析計算センター、野辺山宇宙電波観測所の2つに加え、ハワイ島ヒロ山麓研究棟と三鷹本部にすばる望遠鏡のために新たに導入する2つの計算機システムの計画や契約形態などが

議論されました。最後に、「すし」のときと同様に、近田がすばるソフトウェア開発をおこなうチームへの勧誘演説をおこないました。この誘いに30名近くが参加の意思表明をしました。これがすばるソフトウェア開発チーム、通称「すか」の誕生です。

一方、望遠鏡制御システムは望遠鏡製作の主契約社である三菱電機の手で進められており、すばるプロジェクトと合同で望遠鏡制御系分科会を開催して機能検討が進められていました。望遠鏡と観測装置を合わせた統合的な観測制御システムを作るには、上記のシステムとインターフェースをとる必要があります。この三菱電機、富士通、すばるプロジェクトの3者合同検討会であるインターフェース会議については5.4節でふれています。

5.2　富士通との会議

1994年2月にすばるソフトウェア・計算機システムの第1期契約が始まると、富士通との会議が頻繁におこなわれるようになります。最初は「すし仕様書」の理解から始めます。

5.2.1　「すか」システム検討会

天文研究者が記述した仕様書で使われている言葉そのものや観測のイメージに対して、契約を受けた富士通の理解やイメージの解釈が異なることがあります。イメージを正確に一致させた上でシステムの設計を進めなくてはなりません。まず全体のイメージを共有しつつ概念設計を進めるために、1994年2月から半年間、メンバーを総動員して、「すか」システム検討会が集中的におこなわれました。

統合的な観測制御のシステムを製作するには、観測制御をおこなう中枢計算機とともに、それに接続される計算機類、つまり、すばる望遠鏡の場合はすばる望遠鏡計算機と研究者が製作する観測装置を制御するた

めの装置固有の計算機（複数）に対応する必要があります。これらの計算機群のコマンドやステータスデータの送受信は規格化され、かつ、デバッグが容易な通信方式を確立しなくてはいけません。そのための共通機能の設計や全体的な概念設計がまず必要です。そして、全体像がある程度はっきりしてくると、次にそれぞれの機能の詳細設計に取りかかることになります。天文観測を実現する世界には、かなり特化された考え方や少々マニアックな仕組みが必要となるため、十分に時間と手間をかけてお互いの理解を深めていきます。

　1994年5月末頃になって全体像がかなり絞り込めてきたため、すばるソフトウェア・計算機システムの大まかな構成要素を制御システム、データ取得システム、データ解析システム、データベースシステム、共通の開発用ツールやネットワークインフラなどを含む計算機システムに分け、それぞれを検討する分科会をつくりました。それぞれの分科会でも、最初は「すし仕様書」の理解から始めます。

　担当メンバーには、すばるプロジェクトからのメンバーと関連する大学研究者、エンジニアが加わります。富士通からも本社あるいは長野支社、連携会社からのメンバーが加わりました。それぞれの分科会で密度の濃い設計・検討をおこなうのと並行して、分科会での検討事項や決定事項をシステム全体との整合性という観点で調整するために、定期的に全体会を開きました。この第1期の契約が完了する1996年3月までにおこなわれた分科会の会合数は、制御分科会とデータ取得分科会がそれぞれ31回、データ解析分科会が19回、データベース分科会が23回、計算機システム分科会が21回にのぼり、全体調整の全体会は18回でした。

5.2.2　制御分科会

　制御分科会の主だったメンバーは、すばるプロジェクトの佐々木敏由紀、小杉城治、能丸淳一、近田義広、水本好彦、東京大学木曽観測所の青木勉、富士通の河合淳、高良則和、木藤明彦、富士ファコムシステム

120　　第5章　すばる計算機システム要求仕様の検討 −「すか」の時代−

の樟本豊明、石川哲也です。

　まず、観測や運用にかかわる人間の作業としての業務の定義は、全て制御分科会でおこなわれました。ここで洗い出された業務を実現するために必要となる機能の定義は、それぞれの分科会で検討されることになります。業務定義の後、制御分科会では設計の打合せから試作や部分開発まで進みました。検討内容は、1）天体リストから較正データと観測制約条件の自動生成、2）抽象化コマンド（付録A.2節参照）でのスケジューリング、3）抽象化コマンドから装置依存コマンドへのデコード、4）システム基本要求仕様書（納入物件）の初版検討などです。

■安全を担保する「運用モード」

　観測遂行の上での「運用モード」も定義されました。「運用モード」は観測制御システムが立ち上がっている状態で、「観測モード」と「保守機器交換モード」とを切り分けました。通常の観測は、観測者やオペレータなど少人数が操作する「観測モード」でおこないます。一方、装置の交換や望遠鏡の副鏡交換など危険を伴う作業をおこなう場合には「保守機器交換モード」となり、観測統合制御計算機（OBS）から望遠鏡制御計算機（TSC）にコマンドを送信して望遠鏡を制御することが抑制されます。ただしこのモードでも、望遠鏡のステータスデータは、状況の表示やアーカイブ保管をするために、OBSが受信できるようにしています。「観測モード」の多重化も考慮しなければなりません。実際に望遠鏡と観測装置を使って天体観測をしている最中でも、それと並行して観測装置の準備をおこなう場合があるからです。一晩で複数の観測装置を使用するときなどです。前者を「本観測モード」といい、1多重でのみ動作が可能です。望遠鏡が使える本観測モードが複数あると、望遠鏡動作などが混乱してしまうので当然ですね。また、後者は「観測準備モード」と呼び、接続可能な観測装置が最大5台まで、こちらは多重動作が可能です。観測準備モードでは利用可能な機器に制限がつけられており、データを保

管するためのデータ取得計算機（OBC）と観測装置制御計算機（OBCP）は実機を、望遠鏡制御計算機（TSC）と望遠鏡画像取得計算機（VGW）についてはシミュレータ（ソフトウェア）が利用できます。ただし、「観測モード」にかかわらず、観測操作端末（OWS）は端末として常時利用可能ですし、データベース計算機（DBS）は使用者が意識しなくても観測システムで利用されています。また、観測データの転送やアーカイブも「本観測モード」が優先で、「観測準備モード」でデータ転送をおこなう場合には、「本観測モード」のデータ転送が完了するまで待たされます。つまり、「観測準備モード」での操作が「本観測モード」の観測に悪影響を与えないように配慮されています。

■「スケジュールモード」と「透過モード」

　上記の「観測モード」では、OBSの機能として、「スケジュールモード」と「透過モード」が選択できます。スケジュールモードは、「会話型」、「登録型」、並びに、「自動モード」に分かれています。会話型は、操作者がOBSからTSCやOBCPにコマンドを逐次確認しながら発行するものです。登録型は、OBSにあらかじめ登録されているコマンド列を順番通りに連続発行します。自動モードは、OBSに登録されている天体リストと観測手法を参照して、観測手順を自動的に生成して実行するものです。

　一方、透過モードは、観測装置制御計算機（OBCP）から観測を実行するスケジュールモードで、観測装置だけでなく望遠鏡も一緒に制御することを観測装置製作者が希望したために追加したものです。OBCPとTSCとの連携や、透過モードからスケジュールモードに復帰したときのパラメータ保存など、実現にはかなりの検討と作業を必要としました。例えば、観測データのアーカイブ時に使用されるデータ識別子（フレーム番号と呼ぶ）は通常「観測制御システム」で管理されていますが、その管理もOBCPに一時的に移行します。透過モード終了時に最後に利用したフレーム番号を観測制御システムに返却することで、識別子管理を

元に戻します。通常のモード設定はOBSから観測操作をするスケジュールモードです。

観測運用のイメージも重点的に検討されました。数十年にわたる運用の時期や状況に応じて観測制御システムに必要とされる機能が変わるので、それらの機能を想定可能な範囲で網羅しなければなりません。装置開発時におこなわれる機能確認などの装置テスト（OBCP動作）、装置立ち上げ期の運用イメージ、立ち上げ期が終わって装置が定常運用に入ったときの運用イメージ（登録モード）、より将来のキュー観測や遠隔操作時の運用イメージ、自動観測時の運用イメージなどが検討されました。

5.2.3　データ取得分科会

データ取得分科会の主だったメンバーは、すばるプロジェクトの能丸、小杉、水本、近田、佐々木、高田唯史、東京大学の青木、富士通の河合、三石、石原康秀、株式会社セックの秋山逸志、森田康裕、草間康利、岩井重陽、大藤恵一です。

その内容は、1) 観測統合制御計算機（OBS）と観測装置制御計算機（OBC）の機能の切り分け、2) OBS、OBCでの複数観測装置の認識、3) 観測制御の抽象化コマンドの仕様決定と統一化、4) 観測装置とのインターフェース、5) データ取得システムの機能、6) 観測装置のオートガイダーについての諸問題、7) 超高速データ取得と超高速データ保存、8) V-LAN画像の利用などです。

すばる望遠鏡観測制御システムには観測装置が有機的に組み込まれて動作する必要があるため、観測装置とのインターフェースを受け持つデータ取得分科会には観測装置開発者から多くの問い合わせがありました。OBS、OBC、OBCPの役割分担、補償光学機能と望遠鏡副鏡制御との接続方法、装置開発者用ツールキットの機能の明確化などです。また、観測装置をすばる望遠鏡に搭載するための試験工程については、ソフトウェアの通信試験に始まり、国立天文台三鷹本部、あるいは、ヒロ山麓研究

棟で観測制御システムのシミュレータとの噛み合わせ試験をおこないます。その際、山頂でOBSが観測装置に固有なコマンドを発行するために必要となる「装置テーブル」の準備や作成をおこないます。その後、観測装置はマウナケア山頂に運ばれます。

　また、実際に想定される観測手順（通常運用期）も観測装置FOCASを例に検討されました。観測の流れは以下の想定でした（（）内は作業の担当者）。1) 観測前の準備として観測計画と観測手順書の作成・確認（観測者）、2) 観測の準備処理として観測装置制御計算機の立ち上げと観測装置のセットアップ（オペレータ）、3) 望遠鏡・ドームの準備（オペレータ）、4) 目的天体の望遠鏡への導入処理（観測者）、5) 望遠鏡のフォーカス合わせ（観測者）、6) 天体追尾の開始（観測者）、7) 観測装置FOCASの観測前処理（観測者）、8) 目的天体をスリットに載せる（観測者）、9) 目的天体の観測と較正データの取得（観測者）、10) 簡易処理パイプラインで画像確認（観測者）、11) ダークデータの取得（観測者）、12) ドームフラット測定（観測者）、13) 観測装置の終了処理（オペレータ）、14) 望遠鏡・ドームの終了処理（オペレータ）、となります。準備と終了処理は、夜間に山頂で観測をサポートしているオペレータの作業となりますが、観測作業そのものは観測者の仕事です。自動観測モードであれば、観測者の代わりにOBSが実行することになります。観測装置の望遠鏡への装着は日中の作業でデイクルーの仕事となります。ただし、これらは観測制御システムを設計する段階での想定で、実際の運用では、操作をする人は観測者とオペレータだけではなく、サポートアストロノマーと呼ばれる観測者の観測作業を支援する人が加わっています。

5.2.4　データ解析分科会

　データ解析分科会の主だったメンバーは、天文学データ解析センターの市川伸一、すばるプロジェクトの水本、小杉、高田、近田、岡山観測所の吉田道利、京都大学の加藤太一、富士通の石原、瓦井健二、株式会

社セックの森田、谷中洋司、中本啓之です。

　検討内容は、1）データ解析システムの各種機能を動作させるベースとなる共通フレームワーク機能の検討と設計（この機能にはタスク管理、分散処理、データ管理、他システムとの連携、他ソフトウェアとの連携などが含まれる）、2）取得データ（アーカイブデータを含む）の解析基本処理、定型処理、簡易処理の設計、3）研究計画立案から成果取りまとめまでの支援機能、4）マニュアル、ヘルプ、デモ、バグ情報伝達、データバックアップ、リストア支援などの利用者支援機能、5）観測者の観測を支援する上で便利な観測支援機能、6）研究者や開発者によるデータ解析システムの開発手順や方法、7）機能追加を支援する開発支援機能、8）観測所の運営、運用を支援する観測所支援機能、9）保守管理支援機能の設計などがあります。目標は"大きく"ということで、かなり盛りだくさんです。

　まず開発言語として、CとC++の性能測定と評価から始まりました。また、データ解析システムとして独自ソフトウェアを製作することを目指して、分散オブジェクト指向の特徴の調査、プラットフォーム層に加えてドライバー層の開発なども検討しました。データ解析にあたっては、データベースの利用も考慮しなくてはなりません。そのため、様々な外部サービスともシームレスに連携できることが、基本設計に組み込まれていきました。とはいえ、有限の資源で実現できることには限りがあるので、富士通との第1期契約が完了する1996年3月には、データ解析機能のレビューがおこなわれ、仕様書で計画されていた「解析機能を全て新たに作る」のかどうかについて、年内に結論が出せるよう議論していくことになりました。なお、最初に望遠鏡で星からの光を受けるエンジニアリングファーストライト時にはすばる望遠鏡の焦点部に試験観測装置が装着されていますが、そのデータの解析ソフトウェアは「すか」が1997年度中に作ることが掲げられました。データ解析ソフトウェアの設計や開発については、6.3節に詳しく記述します。

5.2.5 データベース分科会

　データベース分科会の主だったメンバーは、すばるプロジェクトの小笠原隆亮、小杉、高田、水本、近田、天文学データ解析センターの西村史朗、東京大学の濱部勝、吉田重臣、国立科学博物館の洞口俊博、富士通の石原、中村真二、瓦井でした。

　すばる望遠鏡で取得された観測データをアーカイブ保存する際に作成するデータベースと、観測やデータ解析のときに利用される既存の天体データベースを中心に議論をしました。例えば、観測ではデータベースからオートガイドに使う星を選択しますし、解析では画像データに写っている星をデータベースの情報と比較して位置や明るさの較正をおこないます。

　データベースの性能評価のために25万件の天体データベースから検索件数を変えて検索スピードの比較をおこない、大きな相違がないことを検証しました。また検索ソフトウェアの選定や、他のデータベースとの親和性の検証、曖昧検索の可能性についても調査しています。

　データベースから検索した情報を天体画像の上に表示できることも観測運用には重要です。重ね合わせ表示機能として、X線データ・光赤外線画像・電波データ相互の重ね合わせ、また、パロマー山天文台の広視野カメラで撮影された乾板をデジタル化した広域画像データとの重ね合わせ表示も検討しました。マウスクリック等による拡大縮小表示も必要です。観測実行支援に必要とされるGUI機能の検討を進めました。

　データベースはハワイではすばる山頂計算機システムと山麓研究棟に設置します。また、同じものを国立天文台三鷹本部の計算センターにも構築します。最終的には、三鷹本部の計算機センターのデータベースをマスターとして準備することとなりました。ウェブを利用して全世界に公開する設計です。データベースのプロトタイプは1995年7月〜9月に構造設計を、年度内には構築を終え、様々な性能評価試験に利用されま

した。

5.2.6　計算機システム分科会

　計算機システム分科会の主だったメンバーは、すばるプロジェクドの小笠原、小杉、水本、高田、近田、能丸、富士通の河合、佐藤、高良、石原、株式会社セックの秋山でした。

　計算機システム全体の設計を進めるために、開発支援をおこなう計算機環境、システム内にある各種計算機の機能や役割分担、ハードウェアやネットワーク機器の構成と管理、ユーザーおよびセキュリティ管理について検討しています。

　制御コマンドやステータス情報の送受信をおこなう観測制御システムの中枢ネットワーク（C-LAN）の仕様として、山頂ネットワーク上のデータ量を見積もった上で、レスポンスを100ミリ秒以内と規定しました。また、望遠鏡や計算機のログ情報の扱いは、観測データの扱いと同じとして、自動的に山麓研究棟に転送しつつ、1週間程度は山頂データベースにも保管することも決めました。大容量の観測データの保存や管理には、テープドライブ、光学ディスクドライブ、さらに、ハードディスクを階層的に用いることによって、膨大なデータ数（ファイル数）が問題なく管理できるよう、十分な実現性を考慮しながら検討をおこないました。

　観測装置の受け入れ試験を段階的におこなえるよう山頂計算機システムのシミュレート環境について議論し、その環境を国立天文台三鷹本部や山麓研究棟に設置する検討を進めました。

5.2.7　全体会

　全体会は、すばるプロジェクトの「すか」全メンバーと、主だった富士通、株式会社セック、富士ファコムシステムのメンバーが参加しました。山頂計算機システム全体に絡むような大きな決断や、5つに分割された分科会同士の横の調整、全体のスケジュール管理などが役割です。

第5章　すばる計算機システム要求仕様の検討－「すか」の時代－

最初に望遠鏡制御システム担当の三菱電機と観測制御システム担当の富士通との作業の切り分けをおこない、国立天文台を含む三者の調整をおこなうインターフェース会議（5.4節）を立ち上げました。また、レビュー会を計画したり、それぞれの分科会の進捗状況の確認と望遠鏡や観測装置のスケジュールとの整合性を確認したりしました。例えば、山頂計算機システムのシミュレート機能は1995年半ばまでに設計を、観測装置ツールキットは1995年12月までに検討して1996年4月頃に観測装置開発者に公開する決定をしました。一例として、1995年2月時点で全体会に報告された各分科会の進捗状況を表5.1に示します。

表5.1　1995年2月時点の進捗状況

分科会	基本設計書	プロトタイプ（PT）	備考欄
観測制御システム	第1.0版提出	ロガーPTは3月末を目途。最適天体選択は設計途上	最適天体選択およびGUIツールキットが遅れている
データ取得システム	第0.2版レビュー完了	観測装置ツールキットの内容確定	OBC、OBPC、OBEの役割分担がかなり明確になった
解析システム	第0.9版レビュー開始	分散処理システムPTは設計済	解析プラットフォーム検討必要
DBシステム	第0.9版レビュー完了	天文DBのベンチマークテスト実施中。分散DBの同期方式試験予定	データ管理支援機能の機能定義を実施する
計算機システム	———	開発支援環境は3月末まで	山頂システム能力見積必要

‖‖

コラム　すばる望遠鏡の観測装置とデータ生成レート

　すばる望遠鏡は1999年に公開されましたが、天体観測に利用できる観測装置は2000年までに7装置が国立天文台、東京大学、京都大学、東北大学、ハワイ大学等の大学所属の研究者、技術者の共同で準備されました。すばる望遠鏡のあるマウナケア山頂内でのLAN通信のために、それぞれの装置からのデータ生成レートが調べられました。以下の表に示されているように、望遠鏡に同架されている観測装置と制御棟内にある計算機を接続するネットワークは、LANの転送効率を50％としても100Mbps仕様のFDDIネットワークで基本的には充分であることがわかりました（特殊な観測モードを除く）。その他に10BaseTのEthernetがあり、望遠

鏡ローカル制御システムからの0.016Mbpsの望遠鏡ステータスデータなどの通信要求を満たします。山頂観測制御計算機から山麓のヒロにあるすばる観測所画像アーカイブ計算機とのLAN通信は、平均観測時間が数分以上と長いため、より低速での接続で可能です。

表5C.1 観測装置とその機能およびデータ転送スピード

装置名（焦点）	機能（Detector、FOV、焦点）	データ転送スピード（データ取得）
SPCAM（P）	広視野主焦点カメラ（〜30'φをカバーするCCDカメラ） CCD 10000×8000 画素、CCD 効率 92%@660 um	20 Mbps
FOCAS（Cs）	微光天体分光撮像装置：可視偏光撮像分光機能 2×2K×4K CCD SITe ST-002A 6'φ	4 Mbps
HDS（Ns）	高分散分光器：紫外・可視・近赤外域の高波長分解能スペクトルを高空間分解能 EEV CCD 4096×4096×2 (34MB)	8 Mbps
OHS（Cs→Ns）	赤外線カメラ CISCO を用いる OH 夜光除去分光器（京都大学と共同） 1024×1024 HAWAII 0.8-2.5 um、1.8'×1.8'	24 Mbps
CIAO（Cs）	コロナグラフ撮像装置：補償光学を利用したステラーコロナグラフ機能搭載の近赤外撮像装置 1024×1024×4 (4MB)	≦388 Mbps (max)
IRCS（Cs→Ns）	近赤外線分光撮像装置：近赤外線高空間分解スリット分光、高空間分解撮像（ハワイ大学と共同） 2×1024×1024 InSb	≦160 Mbps (max)
COMICS（Cs）	冷却中間赤外線分光撮像装置：中間赤外線領域における撮像および長スリット分光 6×320×240 Si:As SBRC 42"×32"	2 Mbps
K3DII（Cs）＊	マイクロレンズ面分光器（2002年から利用可能）（京都大学と共同） 360-920nm、視野 3".6×3".6、2K×2K CCD	0.076 Mbps
MOIRCS（Cs）＊	多天体赤外線撮像分光器（2006年から利用可能）（東北大学と共同） 2×2048×2048（Hawaii2 RG in late 2015）4'×7'	12.3 Mbps

図5C.1 すばる望遠鏡カセグレン焦点部に装着されているFOCAS装置

第5章 すばる計算機システム要求仕様の検討 - 「すか」の時代 -

上掲の表5C.1中の焦点略語は、P：主焦点、Cs：カセグレン焦点、Ns：ナスミス焦点、です。ナスミス焦点には、可視ナスミス焦点と赤外ナスミス焦点があります（＊付きの装置はファーストライト以降に利用可能となった）。

また、図5C.1のFOCAS装置のサイズは2m×2mで、作業中の人たちと比較して装置の大きさがわかります。重量は2.1トンです。装置の上側には、すばる望遠鏡カセグレン焦点部の観測装置回転機構、オートガイダー機構、大気分散補正光学機構、シャック・ハルトマン補正機構があります。それぞれが大きいですね。青色の広い天井版がすばる望遠鏡主鏡を支えるミラーセルの底板です。

5.3　富士通との契約第2期（1995年10月～1998年3月）

契約第1期におこなった基本設計やチャレンジングな機能の実現性を検証するための各種プロトタイプ開発とその性能評価結果をもとにして、契約第2期の詳細設計が始まりました。第2期には、望遠鏡制御計算機や観測装置計算機との実際の接続試験を始め、山頂計算機システムの現地導入、統合されたシステムとしての試験など、盛りだくさんの項目を順次こなしていくことになります。第1期契約の終盤と少し時期がかぶっていますが、第2期の契約も富士通が落札し、結果的には設計・開発が最も忙しい時期に多くの開発者を投入することができるようになりました。

5.4　望遠鏡や観測装置の製作とソフトウェア開発が同時進行

5.4.1　三菱電機、富士通、国立天文台によるすり合わせ

三菱電機は望遠鏡本体の製作を着々と進めています。望遠鏡単体でも三菱電機だけで様々な制御試験がおこなえるよう、三菱電機は望遠鏡本体に加えてその制御ソフトウェアも同時に開発を進めています。一方それと並行して、富士通は観測制御ソフトウェアの製作を進めます。それぞれが独立して効率的に開発を進めるためには、システム間のインター

フェースを前もってきっちりと定めておかなければなりません。それには実際の観測や運用を具体的にイメージする必要があります。望遠鏡を含む観測システム全体として整合性を考慮しながらインターフェースを調整するのは、観測や望遠鏡の運用を熟知している国立天文台の役割となります。望遠鏡制御にかかわる100種類以上のコマンドの定義や、数百にも及ぶステータス情報の意味づけや更新頻度など、1つひとつ厳密に定めていきます。

|||||||||||||||||||||||||||||||||||||||||||||||||||||||||||||||||||||||||||||||||||||||||||||||

コラム　すばる望遠鏡の設計の検討会

　望遠鏡の設計にあたり担当各社との協議、検討会が開かれました。望遠鏡関連では、主契約会社の三菱電機と三菱電機のある尼崎や国立天文台のある三鷹キャンパスで開かれました（図5C.2）。観測装置制御ソフトウェア製作の主担当会社の富士通とも三鷹キャンパスで開かれ、製作が進むに従い計算機を用いたソフトウェア試験が行われました。また、制御ソフトウェア製作の上で望遠鏡制御と観測装置制御の統一化をはかるために、三菱電機と富士通、国立天文台の3者でのインターフェース会議も開かれました。

図5C.2　三菱電機（尼崎）における国立天文台と三菱電機とのすばる望遠鏡設計会議（1995年4月）

|||||||||||||||||||||||||||||||||||||||||||||||||||||||||||||||||||||||||||||||||||||||||||||||

■インターフェース会議

　1994年4月から望遠鏡制御担当の三菱電機、観測制御システム担当の富士通、調整役の国立天文台との3者合同検討会（インターフェース会議）が開かれ始めました。1996年3月までにインターフェース会議が10回開かれました。実際の望遠鏡制御計算機（TSC）と観測統合制御計算機（OBS）による接続試験を経て、1997年10月の第17回インターフェース会議まで継続的におこなわれました。

■ネットワーク通信規約の策定

　決めなければならないことは多岐に及びます。三菱電気が受け持つ望遠鏡制御システムと富士通が受け持つ観測制御システムとの間で交わされる望遠鏡制御コマンドと望遠鏡ステータスデータの送受信規約の確定がまず必要です。発行された制御コマンドの受信に対する受け付け応答は必ずおこなわれることが確認されましたが、受け付け応答が返ってこないときの対処方法も検討されました。

　当時のイーサネットはまだせいぜい毎秒10メガビット（メガは百万）の速度しかありませんでした。その上で高速かつ確実な情報の伝送を実現するために、各種実験をしながら通信規約を注意深く決めていきました。通信管理の規約（トランスポート層と呼ぶ）については、通信速度と信頼性のトレードオフで決めることになりました。TSCからOBSに1秒周期で送られる長周期ステータスや0.1秒周期で送られる短周期ステータスは、どちらも転送速度が必要なため速度重視のUDP通信規約を、制御コマンドと望遠鏡の状態変化に応じて送られるステータスの通信には確実性が担保できるTCP通信規約を用いることにしました。異なる計算機間のデータ伝送と1つの計算機内部でのデータ伝送を同じように扱えるように、通信サービスの規約（アプリケーション層と呼ぶ）としては、リモートプロシジャーコール（3.4節参照）を用いることにしました。送受信規約の次は、コマンドやステータスのフォーマットやパラメータな

132　　第5章　すばる計算機システム要求仕様の検討−「すか」の時代−

どを1つひとつ定義していきます。

■望遠鏡制御のオペレーションレベル

　望遠鏡は望遠鏡制御システムと観測制御システム双方から制御コマンドを受け付けます。そのため、望遠鏡や観測装置の保守作業時など望遠鏡を自由に動かしてはならないときに、別のシステムから制御コマンドを受け付けて望遠鏡が動いてしまうようなことは、危険であるばかりでなく機器への損傷も懸念されるため、絶対に避けなければなりません。オペレーションレベルは、このような不慮の操作を防止する目的で規定されました。オペレーションレベルに応じて、望遠鏡の制御権、つまり望遠鏡に制御コマンドを送って動かす権限をどのシステムが持つかが決められています。最初の案は三菱電機と富士通の互いのシステムに対称なもので、望遠鏡保守時に使うTSC優先モード、観測準備時の対等モード、天体観測時のOBS優先モードに分類されました。優先モードのときに非優先のシステムから受け付けられるコマンドはモード移行コマンドのみで、しかもコマンドの2度打ちでようやくモードが移行できます。これは誤ってモードを移行して望遠鏡を駆動してしまうリスクを減らすための仕組みで、人間はコンピューターを使っていても必ずミスをするだろうという前提で設計されました。2度打ちフェイルセーフの仕組みは最終設計にも反映されましたが、結局のところソフトウェアから自動的に2度打ちがなされるので、プログラムを複雑にしただけで、実用上あまり有用ではなかったかもしれません。対等モードでは、個々の望遠鏡可動部に対するコマンドは後勝ちで、複数コマンドが1つの可動部に対して出された場合、始めに受け付けられたコマンドがキャンセルされることとしていました。この対等モードは多少複雑なこともあり、3度にわたる会議での議論を経て変更されました。人や機器の安全を最優先にした結果、TSC占有モード、TSC優先モード、および、OBS優先モードの3モードで落ち着きました（図5.1）。

第5章　すばる計算機システム要求仕様の検討－「すか」の時代－　133

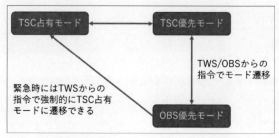

図5.1 望遠鏡制御の優先モード

　TSCの電源を最初にオンしたときには自動的にTSC優先モードとして立ち上がり、OBSから優先モード取得要求を2度送ることで、OBS優先モードに切り替わり、観測操作が実行できます。OBS優先モードからTSC優先モードに遷移するのも、やはりTSC/TWS（表4.1参照）から優先モード取得要求を2度送る必要があります。また、TSC占有モードからはTSC優先モードにしか移行できません。TSC占有モードではOBSからのコマンドを全く受け付けなくすることによって、望遠鏡の保守作業を安全に実施できるようになっています。

　インターフェース会議は責任分界点を明確にする場なので、様々な駆け引きがあります。企業のプライドをかけて広めに取りに行ったり、また場合によっては相手側に押しつけようとしたり。とはいえ、概して協力的な雰囲気の中で、ケーブルの1本に至るまで、責任の所在を明確にしていきました。

■国内でインターフェース確認試験が始まる

　国内では3回のインターフェース試験をおこないました。1回目は1996年1月に横浜ランドマークタワーで上記の送受信規約の確認試験を、2回目は同年6月、すばる望遠鏡の仮組みがおこなわれていた日立造船桜島工場で実際のコマンドや望遠鏡ステータスの伝送手順の確認をおこないました。

国内最後となる3回目の組み合わせ試験は1997年5月に4日間かけて実施しました（図5.2）。富士通から観測制御システムに必要な計算機やネットワーク装置を持ち込んで望遠鏡制御システムと接続して現地の計算機ミニ環境を構築しました。その上で、各種コマンドの送受信、コマンドに基づく動作やそれに連動して更新されるステータスの確認、さらに、オートガイダーCCDで撮られたイメージデータの高速ネットワークFDDI（第4章参照）を介した送受信確認も日立造船桜島工場でおこなっています。すでに望遠鏡やその周辺機器はハワイに送られているため望遠鏡本体と試験環境とは接続されていませんが、シミュレータを使って可能な範囲の通信試験を全て完了させました。とはいえ、実物と接続して確認すべき膨大な試験項目がまだ残っており、現地での次の接続試験を楽しみにしながら、国内試験を終えました。

図5.2　第3回三菱電機・富士通インターフェース確認試験の様子：作業者の後方に立って見守いるが左から河合（富士通）、佐々木（すばる）。イスに座っていのは手前から大藤、草間（ともにセック）、樟本（富士ファコムシステム）、高良（富士通）、植松靖博、石原佐知子（ともに三菱電機）（小杉撮影）

　三菱電機側の計算機はこの試験の2ヶ月後にハワイに向けて出荷されました。富士通が持ち込んだ計算機類は全て再梱包して送り返されました。その後、富士通のソフトウェア試験が本格化し、5月末には制御関連

の試験が、6月末にはデータ取得関連の試験が、7月には観測制御システム全体を統合した試験が開始されました（図5.3）。山頂計算機システムは幕張にある富士通ラボで9月末まで展開試験をおこない、その後ハワイに移送されました。1997年10月に最後のインターフェース会議が開催され、山頂作業時の安全について双方で確認をおこない、17回に及んだ三菱、富士通、天文台のインターフェース会議は完了しました。次に三菱と富士通が顔を合わせるのはハワイになります。

図5.3　富士通ラボでの山頂計算機システム国内展開試験の様子：立ち見は左から古舘（富士通）、大藤、草間、岩井（セック）水本（天文台）、着席者左から高良（富士通）、能丸、近折、小杉（天文台）、樟本（富士ファコムシステム）　（1997年8月佐々木撮影）

5.5　7つもの観測装置が日本中の大学で分散開発

　すばる望遠鏡には第1期観測装置が7種類ありました。それらは天文台と大学とが協力し、さらにメーカーの力も借りながら製作されたものです。1つの装置製作だけでもかなりの人がかかわります。そのため、観測装置が7つにもなると開発者の数は非常に多くなり、そこから出される要求も多種多様になります。個別の要求に全て対応するのは現実的で

はありません。

5.5.1 観測装置インターフェースの明確化

　制御という観点から観測装置を見ると、フィルター選択機構やシャッターなどの駆動部分と検出器が主な制御対象になります。観測制御システムの設計を始めた頃は、光の検出器の制御や検出器からのデータ読出にはメシア（Messia）と[s46]呼ばれる特別なインターフェースボードを計算機に組み込む必要がありました。そうすることで、観測装置から計算機へのデータの高速転送が実現されます。当時はメシアボードを使ったデータ転送の方がイーサネットなどの一般的なネットワーク通信よりも十分に高速だったため、データの連続的な高速転送を必要とする観測があれば、しかも、そのデータを準リアルタイムで解析して観測にフィードバックする必要があれば、観測制御システム側にメシアボードを組み込まなければなりません。一方、運用や保守の容易さを考えると、観測制御システムにはできる限り特殊な仕様のものを接続したくないものです。そこで、観測制御システムまでのデータ高速転送が必須ではない期間限定の措置として、観測制御システム側から見た観測装置とのインターフェースをOBCPと呼ぶ汎用計算機とし、特別なインターフェースであるメシアボードは観測装置側が責任を持つOBCPに搭載するようにしました。現在に至るまで数々の新しい観測装置がすばる望遠鏡に取り付けられましたが、ネットワークの高速化が当時考えていた以上に早く進んだため、結局観測制御システムに特殊なインターフェースを組み込むことはありませんでした。この枠組みでは装置開発者が製作する観測装置制御のソフトウェアも、装置側が責任を持つ計算機OBCP上だけで動作します。また、観測装置開発者は自分の環境に閉じてOBCPと観測装置だけで一通りの試験ができるため、結論からいうと、この責任分解点は大変うまく働きました。次に必要なのは、このOBCPと観測制御システムをつなぐ仕組みを作ることでした。

5.5.2 装置開発者用ツールキットとソフトウェアシミュレータ

観測装置は望遠鏡と同じように観測制御システムからの指令で動作する必要があり、そうすることで望遠鏡や周辺機器まで含めた観測システムとして有機的に働かせることが可能になります。ただ、観測制御システムとの間のインターフェースをそれぞれの装置に特化して別個に作るのは得策ではありません。そのため、観測装置開発者には観測制御システムと接続するための共通のツールキットソフトウェアを事前に配布することにしました（図5.4）。取得したデータの表示や天文学や時刻に関連した各種計算など、観測装置によらず共通に使える機能もツールキットとして提供しました。また、装置開発者が観測制御システムと接続しなくても各種の通信試験ができるよう、通信相手を模擬するソフトウェアシミュレータも同梱しています。

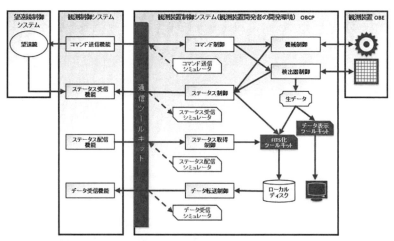

図5.4 装置開発者用ツールキットとシミュレータ：左から望遠鏡制御システム、観測制御システム、観測装置制御システムおよび観測装置。装置開発者は観測装置制御システムにツールキット（通信用、FITSファイル作成用および取得データ転送用）とソフトウェアシミュレータをインストールすることで、装置の開発環境に閉じて各種試験をおこなうことが可能となる

装置開発者用ツールキットは、大きく3つの機能に分けることができま

す。観測制御システムとのインターフェースを提供する通信ツールキット、すばる望遠鏡の標準フォーマット（FITS）のアーカイブデータをローカルディスク上に作成するためのFITS化ツールキットおよび生データを表示するためのデータ表示ツールキットです。

■通信ツールキット

　通信ツールキットはさらに4つの機能に分類され、それぞれの機能ごとに試験用のシミュレータが付きます。コマンド受信ツールキット機能は観測制御システムから観測装置を制御するコマンドを受信して受付応答を返し、コマンドに従って観測装置内部で機器・検出器を制御し、終わり次第完了応答を返します。観測装置単体で試験をするときにはコマンド送信シミュレータを利用します。ステータス送信ツールキット機能は、観測装置のステータスを観測制御システムに送信するものです。通常は定期的に装置の状態を監視してその状況を報告します。ステータス受信シミュレータで送信されたステータス情報の確認ができます。全てのステータス情報は観測制御システムで一括管理されており、観測装置がシステム外の情報を必要とするときには、観測制御システムにステータス取得ツールキットを使ってステータス要求をします。観測をおこなってFITSファイルを作成する際には、望遠鏡や環境の情報が必要となります。光の観測装置の場合は、シャッターを開いて検出器上で天体の露光を開始したときとシャッターを閉じて露光を終了するときに、そのようなステータス情報を観測制御システムから取得します。ステータス配信シミュレータを使えば、任意のステータスを設定して試験をおこなえます。また、ローカルディスクに保存されたFITSファイルをアーカイブに転送して永久保管するためにデータ転送ツールキットを使います。

■FITS化ツールキット

　ローカルディスクにFITSファイルを作成するにはFITS化ツールキッ

トを利用します。FITSファイルのファイル名（識別番号）は、観測制御システムからコマンドに載せられて届きます。検出器から読み出された生データは、まず観測装置制御計算機のメモリー上に展開されます。望遠鏡や観測時の環境条件などの情報をステータス取得ツールキットを介して取得し、自観測装置の情報を付加してFITS化ツールキットを呼び出すことによって、FITSファイルが作成されます。メモリー上に展開された生データは、データ表示ツールキットを使って画面に表示できるようになっています。また、メモリー上の画像データ同士の演算をおこなうための簡易解析ツールキットも提供しており、高速なデータ整約や較正処理が観測装置制御計算機上で実現できるようになっています。

　2000年を過ぎた頃、ネットワークの高速化にも支えられ、FITS化ツールキットとデータ転送ツールキットは、いったんローカルディスクを介さなくても、メモリー上でFITS化をしながらデータの転送ができるように改良されています。

5.5.3　FITSの規約

　すばる望遠鏡で撮られた観測データは永続的にアーカイブ保管されます。つまり、観測データは、たとえ未来の研究者がダウンロードしたとしても、内容を理解して解析ができるだけの情報を保持していなければなりません。そのため、天文の世界で標準化されたデータ形式であるFITSを採用しました。FITSにはヘッダー部分とデータ部分があり、ヘッダー部分は1レコード80文字のカード形式で、キーワードと値のペアとして記述されます。同じ名前のキーワードなのに7つの観測装置で意味が異なっていたり値の単位やフォーマットが異なっていたりすると、解釈に不定性が出て、混乱を引き起こすおそれがあります。

　1996年頃からFITS化ツールキットの仕様策定のため、すばる望遠鏡の観測装置のFITSヘッダーについて検討が始まり、11月には装置共通ヘッダーと装置固有ヘッダーの項目案が装置開発者に開示されました。12月

140　　第5章　すばる計算機システム要求仕様の検討 −「すか」の時代−

に第1回すばる観測装置インターフェース会議を開催してFITS化ツールキットやシミュレータなどのデモを実施し、装置開発者からのフィードバックを得ました。

■すばるFITS検討会と「FITSの手引き」

それと並行して、1997年頃より「すばるFITS検討会（SFITS）」の活動が本格化しました。SFITSは市川伸一が声をかけて招集されたもので、データ解析連絡会から10名を超える有志が集まり、ほぼ一月に1度のペースで会合を開きました。

図5.5 「FITSの手引き」第3版「すばるのFITSヘッダールール」

主にFOCAS、HDS、SuprimeCamという光学3装置のFITSヘッダーを重点的に検討し、共通にすべきキーワードや装置固有キーワード、すばるのFITSヘッダーが守るべきルールを定めていきました。メールでの資料交換や議論も取り入れながら、1年ほど集中的に検討を繰り返し、1997年12月に「すばるFITSヘッダールール」として公開されました。「すばるFITSヘッダールール」は天文情報処理研究会監修、日本FITS委員会協力、国立天文台天文データ解析計算センター（現天文データセ

ンター）発行の「FITSの手引き」第3版に初めて掲載され（図5.5）、新しい観測モードや観測装置の追加に対応した編集を重ねながら、最新版の「FITSの手引き」第6版の中に20年経った今でも掲載されています。

5.5.4　観測装置インターフェース確認試験

　観測装置とのソフトウェア的なインターフェースは装置開発用ツールキットを提供することで共通化しました。また、観測装置から生み出されるデータについても、FITSヘッダーのルールを明確にして統一をはかりました。とはいえ、全く別のチームが別の場所で製作してきた観測装置と観測制御システムとがすんなり接続できるとは限りません。そのため、日本で開発されていた観測装置には全てハワイに輸送する前に国立天文台でインターフェース確認試験を課すことになりました。1996年10月にツールキットやシミュレータのβ版がリリースされ、翌1月と2月に装置開発者への説明会を経て、1997年4月に正式版として提供されました。この頃、観測装置制御ソフトウェアを作る際のノウハウやツールキットの便利な使い方、さらに、装置開発者が開発したソフトウェアツールやソースコードなどを共有するための「観測装置開発ハンドブック」をWeb上で利用できるようにしています。

■ SOSSシミュレータと光学シミュレータ

　インターフェース確認試験をおこなうために、国立天文台三鷹本部には観測制御システムのシミュレータを準備しました。ソフトウェア開発室にマウナケア山頂制御棟に設置予定だった観測制御システムを模擬した構成の計算機環境（SOSSシミュレータ）を構築し、OBCPを装置開発者が持ち込んで接続確認試験をおこないます。また、実際にOBCPを持ち込まなくても、装置制御ソフトウェアさえインストールすればインターフェース試験ができるよう、備え付けのOBCPも準備しました。このシミュレータ環境はカセグレン焦点部をハードウェア的にシミュレー

トする光学シミュレータとも連携して動作します。光学シミュレータに実際の観測装置を取り付けて、望遠鏡の指向方向の変化による装置内部の光学的な歪みなどの測定とともにソフトウェアのインターフェース確認もできるようになっていました。

また、同等の環境をハワイのヒロ山麓研究棟にも構築しました。写真（図5.6）は山麓研究棟に設置された光学シミュレータに第一期観測装置の1つFOCASを搭載させて姿勢差による影響を測定しているものです。光学シミュレータと観測制御システムを接続させることで、望遠鏡のステータスを模擬した光学シミュレータのステータスを観測装置に取り込むことが可能となり、インターフェースの確認のみならず、測定時の姿勢などを測定データとともに保存して解析することが可能となります。

図5.6 ヒロ山麓研究棟の光学シミュレータで試験をおこなう第1期観測装置FOCAS：光学シミュレータでは実際の望遠鏡と同じように、観測装置を取り付けたま高度軸方向に傾けることが可能で、姿勢の違いが光学系に与える影響を測定することできる（国立天文台提供）

■観測装置との接続試験は段階的に

観測装置と観測制御システムのインターフェース確認試験は、前述の環境を用いて、段階的におこなわれました。観測装置を日本からハワイ

に輸出する前には、まず、三鷹にある光学シミュレータに搭載させて機械的なインターフェースの確認（ただし、この確認が可能なのはカセグレン焦点部に取り付ける観測装置のみ）と、観測制御システムシミュレータとOBCPを接続させておこなうソフトウェアのインターフェース確認を済ませます。基本的な課題を解決した上で観測装置をハワイに輸出します。観測装置が山麓研究棟に到着すると、次は山麓研究棟にある光学シミュレータ、並びに、観測装置制御システムのシミュレータとのインターフェース確認試験が待っています。この試験が完了しなければ、観測装置を山頂に持ち込んですばる望遠鏡と接続することが許可されません。

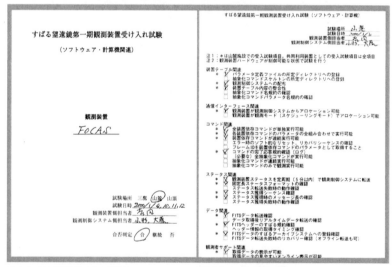

図5.7　観測装置受け入れ試験チェックリスト：観測装置を望遠鏡に搭載させるまでに、三鷹本部あるいは山麓研究棟で前もってインターフェース試験を完了させる必要がある

　図5.7が観測装置受け入れ試験で実際に使用したチェックリストです。装置開発者は観測装置を一日でも早く望遠鏡に搭載して観測を始めたいと切望しますが、望遠鏡に接続する前にできる限りの確認をおこない前もって問題に対応しておく、これは、マウナケア山頂という大変厳しい

労働環境における作業をなるべく減らすという意味で、また、たった1つの望遠鏡という非常に貴重な資源と時間を無駄にしないためにも極めて重要なことでした。

5.6　時間が足りない、どこから作るか

　観測制御システムの基本設計から詳細設計へと開発内容の具体化が進みつつある中、時間と使えるマンパワーには余裕がなく、わたしたちも要求仕様や初期の設計に盛り込まれていたたくさんの夢の中から、現実的なスケジュールに合わせた取捨選択をする必要に迫られてきました。1995年4月に関係者が集まり、夢と現実の攻防戦となる方針会議を開催して、今後数年間のソフトウェア開発計画と望遠鏡の製作、立ち上げ・試験計画を元に、いつまでに何をしなければならないのか確認しました。うすうす気がついていましたが、結論として、ファーストライト時にはその時期に最低限必要なものに開発を絞らなければ準備が間に合わないことに気がつきます。

　観測制御につきましては、最適スケジューリング機能は後回し、もちろん今の世の中ではすでにはやっているようなAI学習機能は無期限延期とし、それらを除いた最小限のスケジュール機能と、望遠鏡や観測装置のステータスやコマンド処理に必要な観測制御機能を開発します。データ取得に関しましては、装置開発者用ツールキットと観測装置から送られる観測データの確実な保管管理機能を製作します。観測装置がなければファーストライトも実現できませんので、これらは最低限必要な機能です。データ解析につきましては、リアルタイムで取得データの表示や観測へのフィードバックをおこなう簡易解析機能のみ実装し、分散オブジェクト環境（CORBA）をフレームワークに使ってスーパーコンピューターとも連携ができるような分散解析システムは後回しにすることにしました。

ただし、今回一時的に優先度を下げた項目でもすばる望遠鏡の本格運用時には必要な機能であるため、ファーストライトが終わって望遠鏡や観測装置立ち上げが一段落してから開発再開が円滑に進められるよう、天文台側では調査を継続していました。例えば、山麓研究棟や日本からの遠隔観測機能はそれぞれ2001年と2002年に実現しました。また、データ品質管理に向けた分散解析システムと観測制御システムの連携も2001年にプロトタイプとして実現しています。

5.7　大きなレビューは合宿で

　観測制御システムの概念設計や基本設計を進めていく上で、これまでの議論を立ち止まって整理したり、他の望遠鏡の観測制御システムを調査して比較したりすることは大変役に立ちます。実現方法にいくつかの選択肢がある場合などでは、前例があればその結論に至るまでの過程を知ることで、検討の手間と時間を節約できる可能性があります。八王子にある大学セミナーハウスに担当者全員が集まって、1995年1月17日から4日間、開発中の8m級望遠鏡としてすばる望遠鏡のライバルだったGemini望遠鏡のソフトウェア設計文書をレビューしました。

　最も印象に残っていることは、Geminiの観測制御システムの設計思想には科学観測効率を最優先することが謳われており、望遠鏡や観測装置を含めた運用のイメージやポリシーも設計の前提としてすでに明記されていたことです。運用のイメージが確固としたものであれば、それだけ設計が正確にしかも迅速にできます。すばる望遠鏡の場合、日本が海外に作る初めての大型施設だったこともあり、必ずしも運用ポリシーがソフトウェア設計段階で定まっていたわけではありません。そのため、いくつかの可能性を残しながら設計を詰めることになり、結果として運用ポリシーが定められた後には不必要となるような機能まで検討や開発の俎上に載せることになりました。観測装置の制御1つをとっても、観測

146　｜　第5章　すばる計算機システム要求仕様の検討－「すか」の時代－

装置立ち上げ時のオペレーションのイメージが十分共有されずに、装置開発者からの要望に従って観測装置から望遠鏡を操作するための「透過モード」を開発しましたが、結局は使われませんでした。また、Geminiでは様々な観測者の観測手順を天候などの状況に応じてオペレータが走らせる、いわゆるキュー観測が基本設計に考慮されていました。観測効率を高めるという方向性は同じでも、わたしたちは一晩単位で観測者が望遠鏡を使うという従来の運用を前提に自動観測を設計していましたが、Geminiは運用ポリシーを早めに定め、それとはまったく違った実現しやすいアプローチを可能にしていました。他の観測所のソフトウェアのレビューは、様々な気づきを与えてくれました。

■思いがけない出来事

　さて、合宿は1995年1月17日に始まったのですが、ちょうどこの日は阪神・淡路大震災の発生日でした。午前の集中討議が終わって、昼食時のニュースで初めて事の重大さに気がつきました。黒煙を上げる町並みの映像が今でも目に焼き付いています。当時、神戸には同年4月から国立天文台に異動して「すか」チームに合流する水本が住んでいました。水本の所在と安全を確認するため、近田が必死で連絡を取ろうとしていたのをうっすらと覚えています。

■合宿で最後の確認を

　基本設計、詳細設計がほぼ完了し、ソフトウェアのコーディング作業が本格的に進み始めた1997年6月、湘南の大学セミナーハウスで3日間合宿して詳細設計の最終レビューがおこなわれました。合宿の獲得目標は、すばる望遠鏡のファーストライトを実現するのに十分な機能が備わっているか確認すること、そして、夢を詰め込んだ仕様書とソフトウェア製作のもととなった設計書の違いから、将来課題や検討課題を洗い出すことでした。いくつかの課題やファーストライト後に本腰を入れて開発を

進めなければならない、例えば、データ解析などの項目は出てきましたが、これまでの検討や優先度付けに大きな間違いがなかったことが確認されました。10人以上の合宿メンバーのうち半数程度は、すでにハワイに移住した、あるいは、半年以内にハワイに移住することになります。現地での本格的なシステム構築作業が、いよいよ間近に迫ってきました。

|||||||||||||||||||||||||||||||||||||||||||||||||||||||||||||||||||||||||||||||||
コラム　すばる望遠鏡の組み上げ

　設計の完了したすばる望遠鏡の建設は、並行して3事業が進みました。(1) 主鏡、副鏡の製作です。これはアメリカで行われました (1991年開始)。(2) マウナケア山頂でのドーム建設です (1992年開始)。日本の大成建設が担当しています。(3) 望遠鏡筐体の製作です (1991年開始)。三菱電機が設計を担当し、製作は水島の川鉄鉄構工業で、組み立て試験は大阪市桜島の日立造船で行われました。さらに遅れて1993年秋から、観測装置制御ソフトウェア製作も富士通で始まりました。私たち望遠鏡、観測装置制御ソフトウェア製作グループも制御対象となるすばる望遠鏡を知るために、何度か製造現場に足を運び実機を確認しました。

図5C.3　日立造船でのすばる望遠鏡仮組みでのすばる望遠鏡建設研究者・技術者のグループ写真 (1995年10月24日)

|||||||||||||||||||||||||||||||||||||||||||||||||||||||||||||||||||||||||||||||||

第6章　すばる望遠鏡の巨大データはどう扱うか？

6.1　ハワイにも大きな計算機が必要

6.1.1　すばる望遠鏡のデータ処理をどこでするのか

　すばる望遠鏡の特徴は、広い視野を持つ主焦点だけではありません。すばる望遠鏡の観測装置が生成する観測データは一晩あたり数十GBになります。これを処理して中間データを含めると数倍のデータ量になりますが、最終画像は数分の一から数十分の一になります[1]。一晩に観測されるデータの処理に1日以上の時間がかかると、データ増加量がデータ処理量を上回ってしまいます。このデータ処理をどこでおこなうのか、山頂、山麓研究棟、三鷹本部、それとも、観測者の所属する大学など、いろいろな意見や要望がありました。しかし、答えは1つしかありませんでした。

■大量データをどう運ぶ

　山頂はコンピューターにとっても厳しい環境[2]ですし、山頂の制御棟には大きなコンピューターを置く場所と電力がありません。日本でデータ解析処理をするには必要なデータを全て日本に送る必要があります。毎夜生成される大量の観測データをハワイ島から日本にどうやって送るのか。1980年代には磁気テープに記録して航空便で送る方式しかありませ

---

1. 現在、すばる望遠鏡で稼働中の超広視野主焦点カメラ（HSC）ではデータ量を圧縮するための観測画像の足し合わせ処理をおこなわないので画像処理後でも画像のデータ量は減らない。
2. 山頂は0.6気圧のためコンピューターの筐体ファンの冷却能力が低下する。また、ハードディスクのヘッドの動作が低圧環境では保証されていない。湿度も30％以下のため、静電気による障害が起こりやすくなる。

んでした。1990年代になると衛星通信回線も候補になりますが、通信速度と利用料金を考慮すると現実的ではありませんでした。したがって、ハワイ観測所の山麓研究棟の可能性しか残りません。山頂と山麓研究棟の間にはSONET-OC3（155Mbps）の専用回線を設けることになっていました。この通信回線が不通になっても、山頂と山麓研究棟の間は車で2時間かかりません。いざとなったら、データを磁気テープなどの記録媒体で運ぶことができます。そこで、山頂の制御棟には数日分の観測データを保存できるデータアーカイブ装置を置き、永続的な観測データの保管とデータ解析処理は山麓研究棟でおこなう方針に決まりました。

6.1.2　どのようなコンピューターシステムが必要か

データ生成レートから必要なデータ処理能力を見積もると、実効演算性能が4Gflops程度のスーパーコンピューターが必要です。また、山頂から専用回線経由で送られてくる観測データを遅滞なく受け取って、直ちにコンピューターで処理できる仕組みを構築しなければなりません。これも簡単ではありませんでした。山頂からのデータを受け取るファイルシステムと計算処理をするためのデータを置くファイルシステムの独立性を保障する必要があります。データ解析処理をしている計算機が原因でファイルシステムの応答速度が遅くなったり、ファイルシステムを壊したりすると山頂からの観測データの取得ができなくなってしまうからです。しかし、送られてきた観測データは即座に処理する必要があるので、この2つのファイルシステムを連携させなければなりません。そのようなことができるのは、たくさんの入出力ポートを持ったスカラー並列型スーパーコンピューターでした。

6.1.3　観測データは捨てない

天文学の分野では観測データは捨てないのが基本です。天文現象は時間的に不変ではありませんので二度と同じ観測をすることはできないか

らというのがよくいわれる理由です。実際のところは、本書のはじめで述べたように、昔は観測の記録は手書きのスケッチで、それが写真乾板に変わりました。それらは倉庫にしまわれていました。必要なら何年後でもそこから必要なデータを探し出して肉眼で見て再度調べることができました。スケッチや写真乾板の時代が長かったので、その習慣がCCDの時代になっても残っていたというのが真相かもしれません。

■天文学が自然科学であるために、観測データは全て公開

　自然科学は結果を検証できることが大前提です。つまり、いつ誰がやっても同じ結果になるということが保障されなければなりません。天文学は最も古い自然科学の1つといわれていますが、過去に遡って再観測はできないため、再観測による結果の検証はできません。可能なのは観測データの再解析だけです。これができなければ天文学は自然科学の仲間には入れてもらえなくなってしまいます。そのため、観測データを公開し、誰でも再解析できることを保障する必要があります。そこで、現在の多くの望遠鏡では、観測から1年とか2年の一定期間が過ぎた観測データを全面公開し、さらに、そのデータを配信するサービスもおこなっています。ですから、観測データは観測した人だけのものではなく、大袈裟にいえば、人類の科学的資産なのです。

6.1.4　すばる望遠鏡は膨大な観測データを生む

　話を戻しましょう。そのようなわけで、すばる望遠鏡でも観測データは全て保存するというルールを決めました。すばる望遠鏡の観測データの蓄積量は、初めの5年間で150TBを越えると予想されていました。20年前の150TBはとんでもない量で、それを全部ハードディスク装置に保存しておくことなど考えられませんでした。お手本は国立天文台野辺山宇宙電波観測所の計算機システムに組み込まれている磁気テープライブラリーシステムでした。すぐに必要なデータをハードディスクに置き、

当面使わないデータは磁気テープのような静的な媒体を用いたアーカイブ装置に置き、必要になったときにハードディスク（ステージングディスク）上に戻すという階層型ストレージシステムです。ハワイ観測所には150TB以上の容量を持つ磁気テープライブラリー装置が必要でした。

6.1.5　観測データを失わないために

■すばる望遠鏡の一晩分の観測データの値段

　すばる望遠鏡の建設には約400億円の費用がかかりました。さらにそれを有効に使うためには毎年何十億円という経費がかかります。これらの費用は全て日本の税金で賄われています。これを総観測時間で割ると一晩で得られる観測データの値段に換算できます。ざっと見積もると1000万円のオーダーになります。何かの事故で保存していた一晩分の観測データが消失すると1000万円の損失に相当します。データの消失は科学的な損失ばかりでなく、多額の税金を無駄にするともいえるのです。

■すばる望遠鏡のためのデータサイエンスセンター

　すばる望遠鏡計画の初期の段階に、天文学データ解析計算センターが設立されました。ここが、すばる望遠鏡のデータ解析処理からデータの公開までを担うすばる望遠鏡のデータサイエンスセンターになるはずでした。すばる望遠鏡の利用者は、主に日本の研究者です。その日本の天文学研究コミュニティの要望として、観測データを自分の手元でも解析したいという声がありました。その要望に応えるためにも、三鷹本部にすばる望遠鏡のデータアーカイブを置くことが当然と考えられていたのです。

　ところが、途中から天文シミュレーションのためのスーパーコンピューター（スパコン）センターに変質して、ハワイ観測所との関係が薄くなってしまい、日本でのデータアーカイブを天文学データ解析計算センターに頼ることができなくなりました。研究者が観測データを欲しくなるた

びに、ハワイのデータアーカイブからデータを転送するのは時間もかかるし効率的ではありません。そこで、三鷹本部にもすばる望遠鏡のためのデータアーカイブ装置を置いて観測データを二重化し、観測データの公開もここからおこなうことになりました。大規模データアーカイブ装置をハワイと日本に置いて冗長化することは非効率であるという強い批判があります。しかし、一晩分のデータに1000万円かかっていることを考えれば、決して無駄ではありません。

■三鷹本部からも観測データを公開

　こうして、ハワイ観測所に、大規模データアーカイブシステムと計算処理をおこなうスパコンシステムを設置すること、国立天文台三鷹本部には、すばる望遠鏡の観測データの完全コピーを置き、国内研究者に対する観測データ配信サービスをおこなうこと、という方針が決まりました。

6.1.6　ハワイにスパコンを入れよう

　方針は1995年頃までに決まりましたが、スパコンや大規模データアーカイブシステムを導入するためには、その予算を概算要求して獲得しなければなりません。予算獲得の概算要求は近田と水本が担当しました。1998年のファーストライトから逆算して1997年後半には、この計算機システムが稼働していなければなりません。スパコンの調達はアメリカの圧力により国際競争入札になり、手続きに約1年かかるようになっていました。したがって、1996年度にはスパコンの調達手続きを始めないと間に合いません。時間との闘いでした。日本でスパコンシステムを外国に入れた実績はありませんでした。文部省の担当部署にとっても初めてのケースだったと思います。文部省との折衝など経験したことのない水本にとって驚きの連続でした。すばる望遠鏡は大変有名で日本中の注目を集めたプロジェクトだったので、文部省や大蔵省（現在の財務省）の理解も得られやすかったのか、1回目でスパコン導入の概算要求が認め

られました。

調達手続きは1996年から始まりました。ネットワークも含めたハードウェア構成の検討は小笠原隆亮を中心に進められました。調達の諸々の手続きは近田と水本が担当しました。ちょうど、日米のスパコン貿易摩擦が始まったところで、調達作業は苦労の連続でした。本書の本筋とは離れてしまったので、この話題はこの辺にしておきましょう。

6.1.7　ハワイ観測所のスパコンシステム

■大規模計算機システム

1997年初めに、ハワイ観測所でスパコンシステムの導入作業が始まりした。ベクトル型スパコンVPP700、スカラー並列型スパコンAP3000、大容量磁気テープライブラリー装置（Sony PetaSite）を中心に、多数のワークステーションが高速のネットワーク（SONET OC-12 622Mbpsの ATM高速基幹回線、266Mbpsファイバーチャネルによる高速基幹LAN と SONET OC-3 155Mbps）で接続されてネットワーク計算機を構成していました。これは、欧米の望遠鏡に比べて桁違いともいえる規模のものでした（図6.1）。

■スパコン導入はヒヤヒヤの連続

スパコンシステムはジャンボジェット機1機をチャーターしてアメリカ本土からハワイ島のヒロ空港に運ばれました。富士通の担当営業責任者だった國澤有道によると、ヒロ空港の滑走路が短くて、積み荷が重い貨物機が滑走路で止まれるかギリギリで、無事着陸したときは、出迎えに行った人々が拍手喝采したそうです。

スパコンシステムを設置するハワイ観測所の研究棟はまだ建設中で完成していませんでした。計算機が届いても、それを入れる計算機室や電源設備ができていなければ設置できません。研究棟の建設予定を調整して、計算機室周りだけは突貫工事で何とか間に合いました。スパコンシ

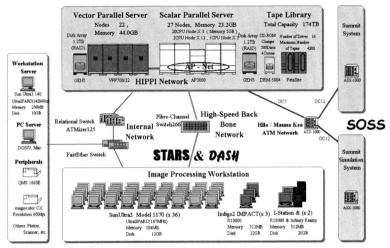

図6.1 ハワイ観測所の計算機システム構成図 右上は山頂の観測制御システム

ステムは運用のための調整に1年近くの時間がかかりました。ハワイ観測所にはこのスパコンシステムとすばる望遠鏡の観測制御計算機システムの運用支援のために、富士通が現地事務所を設けました。その初代所長が瓦井健二です。アメリカでは当時から、計算機ネットワークは常に不正侵入の危険にさらされており、セキュリティ管理には気を遣いました。堅牢なシステムができたのは小笠原の努力と、富士通の現地システムエンジニアの力量によるところが大変大きかったと思います。

すばる望遠鏡が観測を始めると、観測データを保存するデータアーカイブシステムSTARSがこのスパコンシステム上で稼働を始めました。

6.2 遅れて始まったデータアーカイブ：STARS

6.2.1 天文データアーカイブ

天文学の分野では古くから写真乾板等の観測データを保存する習慣がありました。それらは古文書保管庫と同じようにデータ保管庫に物理的にしまわれていました。このデータ保管庫やそこに保存されたデータが

第6章 すばる望遠鏡の巨大データはどう扱うか？　155

データアーカイブと呼ばれました。自宅の本棚から昔読んだ本を探すのに苦労した経験のある方もいらっしゃるでしょう。一方、図書館で本を探すのは簡単です。テーマ別に整理され書架に並んでいるからです。見つからなければ図書館の司書の方に尋ねれば立ち所にあり場所を教えてもらえます。最近では図書館に図書検索用のパソコンが設置されています。この図書館司書や検索用パソコンがデータベースの役割です。データアーカイブとデータベースの違いは、本がなかなか見つからない自宅の本棚と、情報が整理されて保管されている図書館のようなものです。データベースは検索システムまたは、検索システムつきのデータアーカイブといっても良いでしょう。

■データ公開のためのデータアーカイブへ

　データベースシステムが天文学分野で登場したのは1990年前後です。1992年にボストンで開催された第2回天文データ解析ソフトウェアとシステム国際会議（ADASS）[3]ではデータベース、カタログとアーカイブというセッションが設けられました。そこでは、

① NASAの国立宇宙科学データセンター（NSSDC）のデータアーカイブ

② カナダ天文データセンター（CADC）のSTARCAT（Space Telescope ARchive and Catalog）

③ 欧州南天天文台ESOの地上望遠鏡のデータアーカイブ

の紹介がありました。これからわかるように、天文分野のデジタルデータになった観測データの本格的アーカイブは天文衛星が先行しており、地上の望遠鏡のデータアーカイブではESOで整備が進んでいました。

　かたや、日本では、1993年のSDAT提案書の中の洞口俊博がまとめた

3.ADASS：Astronomical Data Analysis Software & Systems は、1991年から毎年開催される天文学におけるデータ解析ソフトウェアシステムに関する国際会議。世界中の天文ソフトウェア関係者が一堂に会し、最新の情報を交換する。

「すばる望遠鏡に関するデータベースシステム提案書」を見ると、当時はデータベースの2つの使い方が考えられていたことがわかります。

① 観測計画立案や天候等の変化に伴う迅速な観測計画の変更時に様々な情報を提供するデータベース

② 観測によって得られる膨大な量の観測データを管理し、広く国際的に公開するためのデータベースシステム

この①は観測候補の天体や、星の明るさの標準星などを探すための天体カタログと、観測天域の確認のための全天画像（例えば、IRAS全天画像、DSS画像）などです。②については、観測データのほかに属性情報や天候気象情報、観測ログなどの関連情報も管理、公開することが述べられています。

6.2.2　MOKA:すばる望遠鏡のデータベースのプロトタイプ

このように、1993年初めの段階ではすばる望遠鏡のためのデータアーカイブシステムのイメージは固まっておらず、曖昧なものでした。アメリカではハッブル宇宙望遠鏡HSTが大修理を終え、すばらしい観測データがSTScIからアーカイブデータとして一般に公開され、このHSTのアーカイブデータを利用した研究成果も出始めるようになりました。これはデータベースの②の機能です。すばる望遠鏡でもこの機能を持たせようと、「すし」チームでの検討が進み、大型光学赤外線望遠鏡「観測装置制御用計算機・ソフトウェアの一部」仕様書1993年10月版にはデータベースとデータアーカイブシステムの機能が定義されています。

ところが、6.3節の解析システムのところで述べますが、予算とマンパワーの制限から1995年から1997年までの3年間で開発する項目にデータベース・データアーカイブシステムを含めることができませんでした。

■研究に使える天文データアーカイブを目指して

「すし」、「すか」の動きとは別に、天文情報処理研究会にデータアーカ

ブWGができ、すばる望遠鏡の観測データアーカイブシステムのプロトタイプとして、日本国内の観測所で得られた観測データのアーカイブシステムを構築する活動が始まりました。1995年春に、対象とする観測データが岡山観測所と木曽観測所だったため、MOKA（Mitaka Okayama Kiso Archival system）と名づけられたデータアーカイブの開発が始まりました。誰でも簡単に使えるという使い勝手の観点から、対人インターフェースが重要です。当時はX Window Systemでのグラフィカルユーザーインターフェース（GUI）技術の変革期でした。最初のMOKAはOSF/Motifベースで作成されました。GUIにどの規格を使うかによってソフトウェア開発や修正の難易度が違います。それを検証するため、1996年にはHTML版のMOKA2、1997年にはJava版のMOKA3と研究開発が進められました。当時は実用になるフリーのデータベース管理システム（RDBMS）がまだありませんでした。MOKAは商用のサイベース（SYBASE）を採用しました。その理由は、天体を指定するとき、天球上での位置[4]の座標値を使いますが、座標値は実数なので、実数型の数値を扱えないと不便だからです。MOKAはアーカイブする対象の装置を徐々に広げ、扱う観測データの種類と量を増やしていきました。データ量の増加に対するRDBMSの性能なども調べました。

　MOKAチームには、国立天文台の市川伸一、吉田道利、西原英治、高田唯史、青木賢太郎、渡辺大、多賀正敏、国立博物館の洞口俊博、東京大学の濱部勝、吉田重臣などがいました。ソフトウェア開発と実証のための試験運用は全てこのメンバーだけでおこなわれました。国立天文台のメンバーの半数以上が研究員などの短期雇用の若手研究者でした。この自主開発体制は試験開発を短期間で繰り返すのには向いていますが、実用データベースシステムを長期間にわたって安定して公開・運用するの

---

4. 天球の座標は地球上の位置を表す経緯度と同じ方式を使う。これを赤道座標系といい、緯度にあたるのが赤緯、経度にあたるのが赤経。赤緯0度は地球の赤道面が天球面と交わる大円、赤緯90度の方向は地球の回転軸の方向、赤経0度の方向は春分点の方向となる。

には向いていません。

6.2.3　STARSを作る

■ハワイ観測所現地で開発開始

　1997年初めにスパコンシステムがハワイ観測所に導入されることになりました。それに伴って、1996年秋から徐々に、すばる望遠鏡のソフトウェア開発を担当していた「すか」メンバーのハワイ観測所への異動が始まりました。データ取得システム（DAQ）担当の能丸が1996年6月、データ解析、データベース担当の高田が1996年12月、コンピューターシステム担当の小笠原が1997年1月にハワイに赴任しました。まだ「すか」のソフトウェア開発の途中ですから、国立天文台側の三鷹本部での開発体制が半減してしまいました。この状況では、三鷹本部ですばる望遠鏡のデータアーカイブシステムを開発する力は残っていませんでした。

　1997年2月にハワイ観測所で稼働を始めたスパコンシステムの設定・調整作業も6月にはだいたい落ち着きました。そこで、小笠原はハワイ観測所でデータアーカイブシステムの開発を始めることにしました。これがSTARS（Subaru Telescope ARchive System）の始まりです。STARSは大きく分けて次のような2つの機能からなります。

　① アーカイブとデータ登録：山頂の望遠鏡から山頂－山麓通信回線を通してリアルタイムで送られてくる観測データを保存し、その情報をデータベースに展開する

　② データ検索とデータ配信：保存された観測データの中から必要なデータを探し出し、利用者に渡す

■データの保存と公開、2つの機能

　ここで重要なのは、観測データを特定し、探し出すための情報です。この情報として何を持つかが検索システムの使い勝手を決めます。必要な観測データを効率よく探し出すために、どのような情報を、どのよう

に組み合わせれば良いかを設計するのが、データベースの設計です。この「どのような情報」を決めるのは簡単ではありません。さらに、いったん検索項目を決めてデータベースを構築すると、新たな検索項目を追加することは困難です。この検索項目を決めるのは、システムエンジニアではなく、検索をする、または、観測装置を作り観測データを設計した天文学者にしかできません。一方、観測装置からリアルタイムで送られてくる観測データを取りこぼしなく保存したり、通信回線が切断したときでも、観測データを失わないようにする堅牢な仕組みを作ったりするのはプロのシステムエンジニアの出番です。そこで、①は観測装置からのデータの取得システム（DAQ）の延長として、DAQの開発を担当している株式会社セックの草間康利、岩井重陽、大藤恵一が担当しました。②のデータベースの設計は高田と富士通の山本忠裕、データベース管理システムとのやりとりの部分は、主に富士通の瓦井健二と山本が担当しました。

6.2.4 検索項目を決めるために

■決め手はFITSヘッダー

観測データを特定するには、例えば、どの装置で何月何日に観測したものとか、どの天体を観測したもの、観測装置がこれこれの状態のとき、のような様々な条件を組み合わせて探し出します。観測装置は観測データのほかに多くの付属情報を持っています。この付属情報はデータを探し出すときだけでなく、観測データを解析するときにも必要な情報が含まれています。これらの情報は観測データのヘッダー情報として同じデータファイルに記録されます。すばる望遠鏡では、観測データファイルの形式に天文画像で標準的に使われるFITS形式を採用しています。観測データの付帯情報をFITSヘッダー情報として書き込んでおけば、全ての必要なデータが自己完結的に1つのFITSファイルに収まります。

すばる望遠鏡には7つもの観測装置が作られていましたから、これら

の付帯情報の種類は半端な数ではありません。そこでまずおこなったのが、すばる望遠鏡の観測装置が生成する観測データの標準のFITSヘッダーを決めることです。このあたりの事情は5.5.3項で述べましたが、すばるFITS検討会が中心となってすばる望遠鏡のためのFITSヘッダーのルール作りが進められました。観測装置の開発者からどのようなFITSヘッダー情報をつけるのか聞きまくると、装置によっては必要な情報を入れていなかったり、同種の情報でも、装置によって名前が違ったりしていて混乱の極みでした。装置開発者がわかりやすいように装置共通ヘッダーと装置固有ヘッダーを辞書としてまとめた小杉も、1997年11月にハワイに赴任してしまいました。

■観測装置開発者の啓蒙

　規格は決めただけでは機能しません。この規格に合うように観測装置側がソフトウェアをつくらなければなりません。観測装置開発者はハードウェアの制御ソフトウェアはちゃんと作らないと装置が動きませんから、その部分には細心の注意を払います。観測データファイルについては独自の形式でも自分たちは困りませんから、データファイルの規格には無頓着になる傾向があります。しかし、観測装置開発者でない一般の研究者が、後でその観測データを使うときに、データファイルの規格に合っていないと困ります。そのため、装置開発側のソフトウェア担当者の教育や意識改革から始めなければならないという苦労までありました。これらの事情は、5.5節に述べた通りです。

　全ての観測データを保存するのがすばる望遠鏡の方針です。そのため、観測装置は、1つの観測データファイルを作るとき観測統合制御計算機OBSから一意のファイル名を発行してもらう仕組みにしました。これにより、ファイル命名規則を統一し、全ての観測データファイル名をOBSが管理するようになっています。

6.2.5 MOKAとSTARSの違い

■データ占有期間と利用者認証

　MOKAは岡山観測所と木曽観測所の限られた観測装置のデータしか扱いませんが、STARSは7つもの観測装置を扱わなければなりません。観測装置はそれぞれ固有の情報を持っているため、観測装置に共通の情報と特有の情報を分別する必要があります。観測装置特有の情報は個別に扱わなければなりませんから、装置数が多くなると大変です。しかも、観測装置によってはデータ生成レートが桁違いに多いのです。MOKAの開発経験から、データ生成レートが大きいことは技術的には大きな問題ではないと予想できました。

　一番の違いは、ユーザー認証とデータのアクセス権の問題です。すばる望遠鏡では観測データは観測から1.5年間は観測者に占有権があります。占有権というのはその人だけがデータを見ることができるという権利です。占有期間は観測者が独占してそのデータを研究に使えるということです。この占有期間が過ぎるとデータが公開され、世界中の研究者がそのデータを見たり、研究に自由に使えたりするようになります。この占有期間をどうするか、日本の光赤外天文分野で大議論が交わされ、ハワイ観測所としての方針が決まりました。

　STARSは、観測データを占有期間中は占有権者だけが、占有期間が過ぎたものは全ての人がアクセスできるようにする仕組みが必要になります。すばる望遠鏡では、複数の研究者がチームを作って観測提案をするのが普通です。そのチームが撮った観測データはそのチーム全員にアクセス権があります。そこで、ユーザー認証とデータのアクセス権を組み合わせた仕組みになります。

　さらに、ハワイは日本と違ってネットワーク先進国なので、すばる望遠鏡のシステム、特に、公開部分を持つSTARSがハッカーの標的になる恐れもありました。そのため、システムのセキュリティにも十分配慮

しなければなりません。

コンピューターシステムのユーザー認証は、どこの誰をどのような権利を持つ利用者として認めるかという観測所の方針にかかわります。コンピューターシステム管理者が、勝手に利用者IDを発行する基準を決めるわけにはいきません。ソフトウェア開発グループが観測所の運用方針の決定に関与せざるをえない状況でした。

一方、MOKAは公開データのみを扱いますので、データアクセス権の制御は比較的単純です。したがって、データアクセス権やセキュリティに関しては、MOKAの経験だけには頼れませんでした。そこで、独自に利用者管理方式を構築しなければなりませんでした。

■MOKAからのノウハウの継承

STARSの開発にあたってはMOKAチームの協力が欠かせませんでした。1998年4月に国立天文台三鷹本部で開催されたMOKAグループによるSTARSのレビュー会でのコメントが記録に残っています。その中の一部を以下に引用します。

> 「巨大なシステムである。経験をベースとせずにいきなり大システムに挑んでいる面があり、不安をおぼえる。」
> 「現在は、観測者が自分のデータにアクセスするための仕組みであり、本来のデータアーカイブ（観測データの再利用を進める仕組み）には至っていない。天文学の観点はまだまだである。」
> 「観測直後の（公開されていない）データがあるため、ユーザー認証などの仕組みが必要で、システムが複雑になっている。」
> 「現在のシステムに公開部分を加えるとシステムはますます複雑になる。公開されたデータのみを扱うシステムを別立てに作った方が良いのではなかろうか？」
> 「運用方針で定まっていない部分が多く、システムも不定部分

多し。」

　これらのコメントからもわかるようにSTARSはMOKAに比べて、複雑さも規模も大きいことがわかります。また、最初の観測データの占有期間が終わるまでにまだ時間的余裕があるため、公開部分の機能は後回しになっていました。

■MOKAは独自の発展

　このSTARS開発に並行して、MOKAチームは名前をSMOKAと変えて、すばる望遠鏡の公開データを扱うよう拡張することになっていました。SMOKAのSはすばるのSです。SMOKAはSTARSとは別に、すばる望遠鏡の公開データを中心に本格的な運用システムを作ろうということになりました。SMOKAは自力開発ですから、開発のマンパワーなどを考慮して三鷹の天文学データ解析計算センターが拠点です。非公開データは扱わないこと、データアーカイブを使った天文学を推進すること、そのための高度な検索機能を持つことなどという方針が決まりました。

6.2.6　ファーストライトにギリギリ間に合う

　1998年の夏にはSTARS試験版が完成しました。データベースは使い勝手が一番大切です。そこで、ハワイ観測所で実際の観測を支援するサポートサイエンティストと呼ばれる若い天文学者に試験版のデモを9月におこないました。そこで出たいろいろな意見を取り入れて、11月にはデータベース設計書が完成しました。

　1999年1月初めに、いよいよすばる望遠鏡のファーストライトを迎えました。ファーストライトではカセグレン焦点に取り付けた可視撮像装置SuprimeCam、赤外撮像装置CISCOと試験用可視撮像装置CACを使うことになりました。ファーストライトの状況については、第7章で述べます。これらの装置で得られた観測データは、STARSによってリアル

164　　第6章　すばる望遠鏡の巨大データはどう扱うか？

タイムでハワイ観測所の山麓計算機システムに無事保存できました。将に、MOKA開発グループの支援・協力と、STARS開発チームの八面六臂の働きによる時間ギリギリセーフの開発でした。STARSはその後改良と機能更新を重ね、1999年5月には全ての観測装置に対応できるようになりました。

■STARS運用には人手が必要

STARSは完全に独立したシステムではなく、すばる望遠鏡観測制御システムや観測装置のデータ取得ソフトウェアと密接に関連しています。そのため、完全無欠なシステムを実現することは極めて困難です。その中で観測データをもれなく保存管理するには、どうしても人手に頼らなければなりません。この運用人員のスキルも含めてSTARSの性能なのです。始めにも述べたように、観測データの消失を防ぐことがデータアーカイブの最重要項目です。完全で壊れないシステムを作ることは困難ですし、人の誤操作によるデータの消去もありえます。それを回避する手っ取り早い方法がデータの二重化です。すばる望遠鏡の利用者の大半が日本の研究者であることとハワイと日本の間の通信回線スピードを考慮して、三鷹本部に観測データのクローンを置くことにしました。それがMASTARS（三鷹STARS）です。

■無駄に堅牢なシステムなのか

最近は、STARS−MASTARS方式には費用がかかり過ぎるとか、二重化など無駄の典型であるといった批判もあります。代わりに安価で堅牢なシステムを構築できる見通しがあるのか、一度失ったデータは回復することができないこと、など研究者かつ開発を担当したものとして、この批判には納得できないところです。

第6章　すばる望遠鏡の巨大データはどう扱うか？　165

6.3 残った解析システム：DASH

6.3.1 データ解析ソフトウェアは独自開発で

　すばる望遠鏡のソフトウェアについて本格的な検討は、4.3.2項で述べたように、1992年から1993年にかけておこなわれました。当時の日本で天文データ解析に使われていたのは、光赤外分野では主にIRAF、電波分野ではAIPSでした。さらに、木曽観測所ではSPIRAL、野辺山宇宙電波観測所ではNewStarがAIPSを基本に開発されていました。このような状況の中で、すばる望遠鏡のデータ解析システムとして、

①　オブジェクト指向で独自に開発する案
②　NOAOのIRAFグループやESOのMIDASグループとの協力開発案
③　IRAFを基本にする案

の3案が出ましたが、議論はまとまりませんでした。

　次に、「すし」で作られた仕様書、すばる望遠鏡「観測装置制御用計算機・ソフトウェアシステムの一部」に含まれているデータ解析システムでは、独自開発案になっていました。

6.3.2 最優先はファーストライトに必要な機能

　すばる望遠鏡の観測制御システムの開発は基本設計を1993年から1995年までの第1期で、その一部分を1995年から1997年までの第2期で実現する計画になっていました。仕様書作成の段階では1997年以降のソフトウェア開発のための予算の目処は立っていませんでした。
「すし」で作成された仕様書には、やりたいことがたくさん盛られていましたから、1997年以降も積み残しが生じることは想定内でした。ソフトウェアシステムの基本設計がほぼできあがった1995年5月の段階で、「すし」の仕様書にある全ての機能を実現することは難しいことがわかってきました。開発期間、予算とマンパワー全てが厳しい状況でした。すばる望遠鏡のファーストライトは1998年に予定されていました。そのと

166 　第6章　すばる望遠鏡の巨大データはどう扱うか？

きに必要なソフトウェアシステムは第2期で完成しなければなりません。1995年5月11日に「すか」第13回解析システム分科会が開催されました。出席者は国立天文台から近田義広、水本好彦、小杉城治、高田唯史、富士通から瓦井健二、石原康秀の6名です。そこで、データ解析システムは、観測制御に必要な観測データの簡易解析処理部分のみを作製することに決定しました。本格的な解析システムの開発は先送りにされ、将来システムの拡充は10年計画で細々と継続することになったのです。この時点で、観測装置から算出されるデータの本格的な解析は観測装置開発グループに任せることが暗黙の了解となりました。

6.3.3　どうせやるなら面白いことを

■誰でも面白いことをしたい

　解析システムを担当するチーム[5]は、なるべく早く完成させなければならない簡易解析システムと、時間をかけて検討する将来システムの2本立てで仕事を進めました。将来システムについては、せっかく時間をかけて開発するなら、全く新しい面白いことをしようという方針にしました。こんな方針を採用できたのは担当者が皆若かったせいだと思います。メーカーの立場としては製品をきっちり作り上げることが第1優先なので、夢のような将来システムの話に乗るのには抵抗があるのではないかと思っていました。ところが、富士通の瓦井、石原もメーカーの立場を忘れたかのようにこちらの話に乗ってきたのです。今から思い返すと、彼らの方こそ面白いことをしたかったのではないでしょうか。

■CORBAに注目

　まず、データ解析将来システムのために、分散環境とオブジェクト指向についての情報収集をおこないました。特に着目したのが、1989

5.1995年時点でのメンバーは、国立天文台の水本好彦、小杉城治、高田唯史、京都大学の加藤太一、富士通の瓦井健二、石原康秀の6名。

年設立のオブジェクトマネジメントグループ（OMG）が提唱するORB（Object Request Broker）と呼ばれる分散環境でのアーキテクチャCORBA（Common Object Request Broker Architecture）でした。さっそく、富士通が開発中であったCORBA1.1準拠のFORBを特別に入手してもらいました[6]。いくつかのIRAFタスクをCORBA用にラッピングしてSUN-WSで動かす実装試験をおこなって、使い勝手を実際に試してみました。

6.3.4　世界と競争できるかもしれない

■オブジェクト指向の流行

1996年9月にアメリカのシャーロッツビルでADASS'96が開催されました。この会議で、欧米の主要グループ（NOAOやESO）がオブジェクト指向と分散アーキテクチャに向かい始めたことが話題になりました。

① NOAO、Gemini、STScI：他のソフトウェアとの連携機能の拡張（OpenIRAF）

② NRAO：ネットワーク環境に対応するようにオブジェクト指向で再構築（AIPS++）

③ ESO：オブジェクト指向による観測システム全体の構築

これらのグループは、IRAFやMIDASの開発の経験と歴史がありますが、分散処理という新しい世界では、日本も同じスタートラインに並んでいます。

この時点で開発に着手すれば、過去の資産を負った欧米に比べ、何もない日本の方が有利かもしれません。これまで外国に頼っていた天文解析ソフトウェアの分野で、日本が初めて競争に参加し、しかも世界をリードできる千載一隅のチャンスだと思いました。

■日本の特徴を生かすには

---

6. 瓦井、石原両氏の富士通社内での情報収集と交渉能力の高さを示す面目躍如の活躍だったと思う。

168　第6章　すばる望遠鏡の巨大データはどう扱うか？

1997年になると簡易解析システムの開発も目処が立ち、データ解析将来システムの開発に取り組む余裕が出てきました。どのようなシステムにすれば世界と競争できるかを考えました。

　すばる望遠鏡の特徴は広い視野を持つ主焦点だけではありません。初めの5年間で、150TB（画像1500万枚）を越える観測データが得られると予想していました。この観測データを保存する大容量データアーカイブ装置と、それを遅滞なく解析処理できるコンピューターシステムがハワイ観測所に導入されていました。これは、欧米の望遠鏡に比べて桁違いといえる規模でした。これを有効に使わない手はありません。

　そこで、利用者が、このような大量の観測データの中から、必要なデータを簡単に探し出し、必要に応じて簡便なデータリダクションから詳細な物理解析までを一貫しておこなえるシステムを考えました。すばる望遠鏡では第1期観測装置として7つもの装置が開発されていました。装置ごとに特殊なデータ処理が必要であることもわかってきました。新しく観測装置が開発されれば、それに対応するデータ処理ソフトウェアが作られることは明らかです。そのとき、そのデータ処理ソフトウェアが、このシステムに簡単に追加できなければなりません。このような要求を実現する新しいシステムの開拓を目指し、すばる望遠鏡のためのデータ解析ソフトウェアシステムのプロトタイプを開発することになりました。これが、分散解析システム（コード名：CDE-Project）で、「3年後には世界をリードしよう」をキャッチフレーズにしました。

■目標は大きく、具体的に

　幸い、開発予算の目処もつき、システム開発の入札をおこないました。そのときの、プロトタイプの要求要件は、次のような、大変欲張ったものになりました。何しろ、3年後には世界をリードするのが目標ですから。

① 　使い勝手の向上と処理の効率化

a) パソコンからスパコンまでが同一の使い勝手で使用できる

b) IRAF、MIDAS等が同じ使い勝手で利用できる

c) データベースとの連携

d) すばるデータアーカイブとの連携

e) アプリケーションに適したマシンの自動選択

② オブジェクト指向によるソフトウェア開発の効率化

a) 新しい観測装置に対応して新しいデータ処理ソフトウェアが効率的に開発できる

b) 観測装置の改良に対応し、解析ソフトウェアも容易に改修できる

入札の結果、富士通が落札しました。

■開発はスパイラル方式で

　これらの要求要件は、次世代の天文データ解析システムそのものにも共通します。分散解析システムは、分散処理のプラットフォームとして、ハワイ観測所の山麓計算機システムがターゲットです。プロトタイプといっても、てんこ盛りの要求要件を一挙に満たすものを開発するのは得策ではないと考えました。小規模のプロトタイプで1つずつ要求要件を実証しながら、地道に進めることにしました。それで、当時はやり出したオブジェクト指向の開発手法に目をつけました。開発メンバーの中には経験者がいませんでしたから、オブジェクト指向開発に関するたくさんの本を買い込んで勉強から始めました。CASE toolというオブジェクト指向分析・設計ツールを利用して、設計からプログラム（ソースコード）の作製までを一貫しておこない、ソフトウェア開発の効率がどの程度良くなるのか、できあがったソフトウェアの保守性がお題目通りに向上するのかなども調べました。

　1年間のプロトタイプによる試行錯誤の結果、2年目には次世代天文データ解析システムの実証モデル作りを始めました。

6.3.5 分散解析システムのプロトタイプ

　ハワイ観測所のスパコンシステムは、ハードウェア構成としては、スパコン、ワークステーション、PC、大規模ストーレッジが高速ネットワークで接続された分散システムです。ソフトウェアシステムは、観測された画像データを保存しているデータサーバー（データアーカイブ）、各種情報を保存するデータベース、画像処理計算を高速におこなう計算エンジン（スパコン）、利用者が直接対話する端末（ワークステーションやパソコン）から構成されます。このような大規模な分散システムは初めての経験でした。どうすれば使いこなせるか。そのためには、個々の計算機の役割分担、システム全体としての負荷分散や冗長性を考えなければなりません。プロトタイプで試したCORBAが、分散環境プラットフォームとして本当に使い物になるか、以下のような項目について実証してみることにしました。

① スケーラビリティ（scalability）：パソコンからスパコンまで同一の使い勝手
② 相互運用性（Interoperability）：異なるアーキテクチャのシステム間の協調処理
③ 可搬性（portability）：異なるOS間でのアプリケーションソフトウェアの移植性

■既存ソフトウェアを有効活用

　分散解析システムの主目的は天文データの解析処理です。しかし、これらを「すし」で想定していたようにゼロから自主開発するには大変な時間がかかります。一方、IRAFやMIDASといった天文データ解析システムが世界で広く使われていました。そこで、ラッピング手法により、これらの既存のデータ解析ソフトウェアを分散解析システムの一部として利用することを考えました。既存ソフトウェア自体を異種マシンに移植

第6章　すばる望遠鏡の巨大データはどう扱うか？　171

するのではなく、それが動作しているマシン上に既存ソフトウェアとのCORBAインターフェースを受け持つバンパーソフトウェアを作ります。そうすれば見かけ上、既存ソフトウェアがCORBAインターフェースを持つようになり、分散システム内のどこかにこの既存ソフトウェアが動くマシンがあれば、CORBAインターフェースを持つアプリケーションソフトウェアから呼び出して使用できるようになるはずです。オブジェクト指向という観点から見ると、これはインターフェースの統一によるソフトウェアの部品化です。

　このようにして、オブジェクト指向によるソフトウェア開発のノウハウが開発チームの中に徐々に蓄積されてきました。

6.3.6　CDEプロジェクトからDASHへ

■開発は3年計画

「簡単、自動化、手間いらず」を目標に、CDEプロジェクトは1年ごとの3フェーズでプロトタイプの開発を進めました。CDEの名前の由来は以下の3フェーズから来ています。

① 　Cフェーズ：Challenge

　　CORBA プラットフォーム：

　　　　分散オブジェクト（データアーカイブ、IRAF、MIDASのタスク等）との連携と計算エンジンとなる計算機の自動選択

　　　　解析環境の管理機能

　　Cube：

　　　　観測画像データ、較正用データ、処理手順を一体にしたもの

　　　　処理の全体像がつかめる

　　　　解析アルゴリズム、較正データの更新に自動的に対処可能

② 　Dフェーズ：Development

　　観測データセット（Dataset）：

　　　　目的天体の観測に必要な条件を記述したもの

データベース（Database）:

Cube、天体画像データを一括管理するもの

較正データ、Cube情報の共有

③　Eフェーズ：Evolution

解析エンジン（Engine）:

既存データ解析ソフトウェアの本格的ラッピング

並列・分散処理ができる解析処理ソフトウェア（Engine）の開発

実地試験（Experiment）:

ハワイ観測所の計算機システムでおこなう

使い勝手

画像データの授受の性能

負荷分散と高速処理

　上記の内容は詳しく説明しても面白くないでしょう。何となくイメージが浮かぶだけで十分です。

　CDEというコードネームでは味気ないので、DASH（Distributed Analysis System Hierarchy：分散解析システム）[7]という名前をつけることにしました。

■レストランモデル

　実際のソフトウェア開発では国立天文台の研究者（発足当初は小杉城治、高田唯史、西原英治、吉田道利、水本好彦）とメーカーのエンジニア（富士通の石原康秀、谷中洋司、株式会社セックの森田康裕、中本啓之）の間で、何を作るのか共通のイメージを持つことが大切です。エンジニアは天文データの解析方法については素人ですから、初めのうちはなかなか言葉が通じません。皆で喧々諤々やりながら考え出されたのが、レ

7.1996年のADASS'96の際に、アリゾナ大学にあるNOAOを訪問した。そこで、IRAFの開発者のDug Todyたちに会い、IRAFの開発状況について話を伺い、すばる望遠鏡のためのデータ解析ソフトウェアシステム開発の状況について紹介して助言を受けた。詳しい話の内容は覚えていないが、"It seems hopeless. Good luck!"といわれたので、CDEプロジェクトをDASHという名前にした。

第6章　すばる望遠鏡の巨大データはどう扱うか？　173

ストランモデルです（図6.2）。天文データ処理を料理に置き換えて、観測データが料理の材料の食材とか調味料、データ処理が調理、処理結果が皿に盛られた料理です。注文を聞くウェイターがGUI、調理のレシピがデータ処理の流れ、厨房がデータ処理エンジン、食品庫が観測データのあるデータアーカイブ、といった具合です。このモデルはデータ解析の流れを理解するだけでなく、システムを設計する上で大変役に立ちました。オブジェクト指向でいう「モデリング」の効果です。

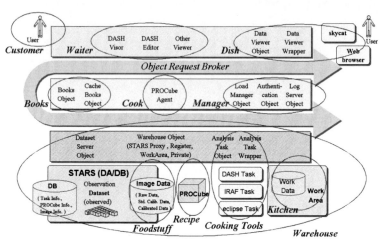

図6.2　DASHのレストランモデル　CORBAをはさんだ3層構造になっている

■トリニティ：SOSS、STARSとDASHの三位一体

　図6.2のレストランモデルには食品庫が登場します。これはすばるのデータアーカイブシステムSTARSです。料理を食べるレストランの客は誰だろうと考えると、すばる望遠鏡で観測をした研究者です。この客はフルコースの料理を注文するだけでなく、観測中にちょこっと出前をとって味見をしたくなるかもしれません。ここで、観測者に代わって出前を注文するのがすばる望遠鏡の観測制御システムです。つまり、すばる

望遠鏡観測制御システムSOSS、すばるの観測データベース・データアーカイブシステムSTARSと分散解析システムDASHの3つのシステムを相互に連携する統一システムにできることがわかります。これをすばる望遠鏡の「トリニティ」システムと呼ぶことにしました（図6.3）。DASHを中心にしてトリニティを実現すれば、当初の目標の「3年後には世界をリード」するものになるだろうと、開発チームメンバーの意気が揚がりました。

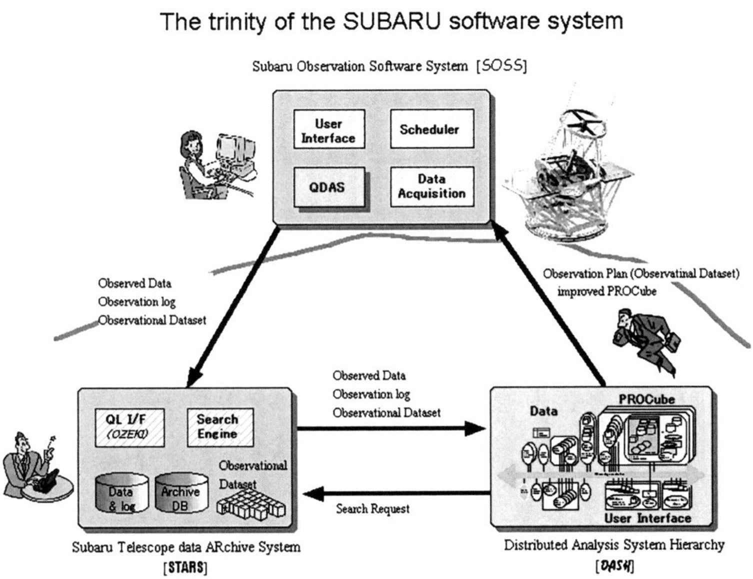

図6.3　すばる望遠鏡のソフトウェアシステムのトリニティ

　1997年秋にはすばる望遠鏡のファーストライトに向けてソフトウェア開発担当者のほとんどがハワイに赴任してしまいました。残ったのは水本一人でした。これでは大幅戦力ダウンでしたが、新たに東京大学の大学院生だった八木雅文が開発メンバーに加わりました。

　プロトタイプ第1版は1998年初めに実装が終わり、三鷹本部の小規模

な試験用の計算機システムで最終試験をおこないました。さらに、1998年3月にはDASH開発メンバー（国立天文台の2名、メーカーの4名）が日本からハワイ観測所に出張し、プロトタイプ第1版をハワイ観測所のコンピューターシステムに展開し、実機による検証試験を3週間かけておこないました。

1998年6月には三鷹本部にすばる望遠鏡のための研究棟（すばる棟）が完成しました。その2階に90m^{2}の広さのソフトウェア開発室ができました。ここに、DASHの開発と試験のためのコンピューター群を入れ、開発環境が格段に向上しました。

DASHは2000年から実用版（DASH2000）がハワイ観測所と三鷹本部で動くようになりました。図6.4はそのソフトウェア構成図です。図6.2のプロトタイプから始まり、3年かかって図6.4の実用版になりました。これを使って、すばる望遠鏡のいくつかの観測装置については観測データの自動解析処理ができるようになりました。

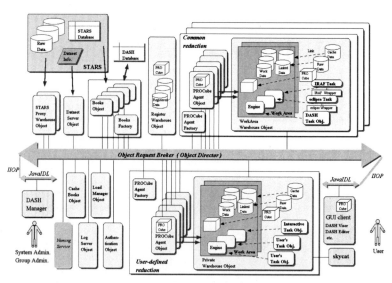

図6.4　DASH2000のソフトウェア構成図

第7章 ラストスパート

　ハワイ島ではヒロ市にある山麓研究棟、さらに、マウナケア山頂にあるすばる望遠鏡の制御棟やドームの工事が着々と進められています。1997年に入ると多くの関係者がハワイへの赴任準備を始めました。4月には国立天文台ハワイ観測所が正式に発足し、12月までに20名弱の天文台職員が続々と赴任していきました。三菱電気や富士通の関係者も同時期に多数赴任しています。

　国立天文台の計算機・ソフトウェア関係者では能丸淳一が一番乗りで1996年6月に着任し、高田唯史が12月、小笠原隆亮が翌1月と続き、最後に佐々木敏由紀、小杉城治が11月に着任しました。「すか」チームの主だった国立天文台メンバー8名のうち、半数以上の5名が赴任したことになります。現地での立ち上げのプレッシャーは相当なものでしたが、日本に残ったメンバーによる客観的で冷静な判断とサポートが、ファーストライトを成功させる大きな要因の1つになったことは間違いありません。

|||||||||||||||||||||||||||||||||||||||||||||||||||||||||||||||||||||||||
コラム　11月11日は特別な日

　最近では願いを叶えるために、11時11分に"Make a wish!"とツイートすることが流行っているようです。自動車のナンバープレートでも1が並ぶ番号は抽選対象となっていることからみても、同じ数字が並ぶことに、多くの人が魅力を感じるのかもしれません。

　佐々木、小杉の赴任は山頂観測制御計算機の設置が始まる1997年秋頃と決まりました。ただ、実際の着任日は個別の事情に合わせて、ある程度本人の裁量で決めることができました。着任日の11月11日は佐々木が選びました。

　11月11日夜の飛行機で日本を出発し、日付変更線を越え、ホノルル経由で同日昼頃ハワイ島のヒロ空港に到着。予約しておいたレンタカーに乗って、張り切ってハワイ観測所に行くと、入り口に鍵がかけられており、中は真っ暗です。そう、アメリカ合衆国で11月11日は退

役（復員）軍人の日（ベテランズデー）でお休みだったのです。日本を出るまでは、現地の文化を前もって調べる余裕すらなかったのですね。

11月11日を選んだ理由、それは、佐々木曰く、10年後も20年後も忘れることがない日付にしたかったとのことです。確かに、今でも鮮明な記憶として残っています。

||||||||||||||||||||||||||||||||||||||||||||||||||||||||||||||||||||||||||||||||||||||

7.1 ハワイ現地でのソフトウェア試験

　山頂計算機システムを一通り国内で組み上げ、その上に実際の観測制御ソフトウェアを展開して、3ヶ月に及ぶ国内試験が1997年9月末に完了しました。計算機はいったん解体後ハワイに輸送され、マウナケア山頂制御棟で再度組み上げられました。計算機システムを構築するためには電源の配線はもちろんのこと、山頂制御棟内だけでなく100メートル程度離れた望遠鏡ドームとの間にも通信用のケーブルを数多く引き回しておく必要があります（図7.1）。これらには望遠鏡の各焦点部に取り付けられる観測装置と制御棟に設置される観測装置個別制御計算機（OBCP）とを結ぶケーブルも含まれています。

図7.1　ケーブル付設作業：山頂制御棟内から望遠鏡ドームまで、様々な種類のケーブルを張り巡らす（小杉撮影）

■観測制御室でシステム構築開始

　望遠鏡ドームを含むケーブル配線が終わると、次は山頂制御棟内にネットワークスイッチや計算機の設置が始まりました。3階の観測制御室には観測者やオペレータが長時間滞在して観測操作をします。そのため、観測制御システム側では3台の観測操作端末だけを3階に設置して、それ以外の大型のサーバー計算機、例えば、望遠鏡制御システムから望遠鏡情報を受け取ったり制御コマンドを送ったりする計算機や、望遠鏡から画像データを受け取って処理する計算機、観測装置から観測データを受け取ってアーカイブする計算機などは観測者が計算機の騒音に悩まされないよう、2階の計算機室に設置することになっていました。とはいえ、初期の観測制御システム自体の立ち上げや試験の際には、サーバー計算機と操作端末が離れたところにあると作業効率が上がりません。そのため、当初、観測制御システムは全て山頂制御棟3階の観測制御室にセットアップされました。

■三菱電機と富士通、現地でインターフェース確認試験を再開

　日本からハワイへの計算機輸送が完了し、観測制御システム単体での現地試験が一通り済んだ1997年のクリスマス前後、三菱電機の望遠鏡制御システムと富士通の観測制御システムとの間のインターフェース試験がマウナケア山頂で3日間かけておこなわれました。日本でおこなったインターフェース試験を再現して当時の不具合が解消されているかをまず確認します。システム間の正確な時刻同期、ステータスやコマンド通信の検証を無事終わらせて、1998年の正月を迎えました。

　2月初旬の望遠鏡インターフェース試験では、望遠鏡の副鏡や第3鏡、ドームに取り付けられているトップスクリーン、望遠鏡焦点部の観測装置回転装置、それぞれ正常系での制御とステータス確認を、異常系としてはコマンドキャンセルとその後の振る舞いの検証をおこなっています。2月中下旬にはさらに3日間かけて、前回試験の不具合対処の状況確認

第7章　ラストスパート　179

と、大気分散補正装置、ナスミス焦点の視野回転装置の試験を、そして、初めての望遠鏡駆動コマンドの試験をおこないました。3月には主鏡カバーの開閉試験です。最先端の高精度望遠鏡であるすばる望遠鏡は、その性能を最大限に発揮するために、従来の望遠鏡では考えられないくらいたくさんの制御項目があります。いい換えると、それだけ多くの繊細で精密な制御をおこなうことで、最高の性能が達成できるのです。

　6月から7月の間に数日かけて、オートガイダー、スリットビュワー、シャックハルトマンセンサーなど、望遠鏡に組み込まれているカメラの制御と、取得された画像データの転送や保存機能の確認がおこなわれました。これらの画像データはFDDIを使ったV-LANと呼ばれるネットワーク上でやり取りされます。様々なサイズの画像データを使ってネットワーク上の転送性能が十分であることも同時に確認されました。

■快適なシステム立ち上げ環境での試験

　エンジニアリングファーストライトまであと3ヶ月と迫った9月下旬、試験や立ち上げで観測制御室が使われることが多くなり、また、大勢の関係者が集まって議論することが増えて部屋が手狭になってきたこともあり、一時的に観測制御室に設置してあった観測制御システムのサーバー計算機群を全て2階計算機室に移設しました。これで、計算機の冷却ファンの音に悩まされることなく、ファーストライトに向けた議論に集中できる環境になりました。

　10月には5日間連続でほぼ全ての望遠鏡コマンドを実行してこれまでの問題点が解消されているか、また、コマンド実行に応じた望遠鏡やドーム各部の動作が正常であるかを実際に望遠鏡制御システムから送られてくるステータスで確認しました。さらに、これら望遠鏡用の装置依存コマンド[GK48]を複数組み合わせて順次、あるいは並列に実行させる抽象化コマンドの試験もおこないました。例えば、BootTelescopeという観測準備をおこなう抽象化コマンドは、オペレータからのたった1つのコ

マンド実行で、ドームのシャッターを開け、望遠鏡のミラーカバーを開けて、ドーム内の風制御のためにウィンドスクリーンを駆動し、架台の高度軸を固定しているピン（ストーピンという）を解除、必要に応じて第3鏡、装置回転装置か視野回転装置、並びに、大気分散補正装置の設定等をおこなうものです。当時の巷の観測所ではオペレータが1つひとつ確認しながら上記のような各種コマンドを実行していたことを考えると、これだけでも隔世の感があります。また、ようやくオートガイダー周りの各種コマンドも全て確認ができました（図7.2）。

図7.2　山頂で望遠鏡制御システムと観測制御システムのインターフェース確認試験が一段落：サーバー計算機を2階に移設して静かになった観測制御室にて。後方左より佐々木（天文台）、石原佐知子（三菱電機）、河合淳（富士通）、幸田、植松靖博（三菱電機）。前方左より樟本豊明（富士ファコムシステム）、小杉（天文台）（小杉提供）

　12月になり、いよいよエンジニアリングファーストライトを意識するようになってきました。試験で問題が見つかればすぐに修正してその場で確認、大きめの問題点は修正に時間がかかるため、持ち帰って修正し、翌日再確認。中旬以降ほぼ毎日、コマンド制御やステータス確認を何度も何度も繰り返しました。オートガイダーの画像が正しく転送、保存、アーカイブされるのも確認され、エンジニアリングファーストライトの準備がようやく整いました。

コラム　ヒロでの楽しみ－キラウエア火山の溶岩流

　ハワイ諸島は活火山列として作られてきています。その中で、ハワイ島は現在も活発に火山活動をしている場所です。キラウエア火山は溶岩が火口から流れ出ています。また、ハワイ島の南東岸から沖合29kmの海の中には活動的な海底火山ロイヒ海山があり、将来的にはキラウエア火山と一体になる山と予想されています。

　天文台群のあるマウナケア山は海抜4205mであり、海洋底の基部から測った高さでは10203mで、マウナケア山が世界で最も高い山とのことです。マウナケア山はハワイ語で「白い山」の意味で山頂には冬期に冠雪することがあります。マウナケア山は約4500年前に最後の噴火をしたので、現在は火山としては老年期?であり安全と思われています。その予測を信じて天文台を設置しています。大きな地震はたまにあります。

　キラウエア火山から流れ出る溶岩は流動性のある玄武岩溶岩です。人の歩くスピードよりゆっくりと流れますので、近くによって見ることも可能です（図7C.1）。しかし、周りを1000℃を超える溶岩に取り囲まれると非常に危険です。安全監視員の指示に従う必要があります。

図7C.1　キラウエア山から流れ出る溶岩の前で（佐々木夫妻。2002年6月25日）

7.2 観測装置を含めた実機試験が必要

　すばる望遠鏡では2000年になってから7つの第1期観測装置全てが
ファーストライトを迎えることになります。つまり、1998年から1999年
にかけてのエンジニアリングファーストライト前後の時期には、第1期
観測装置はまだまだ観測の準備ができていませんでした。すばる望遠鏡
の性能を正しく評価するためには、観測装置がなければ測定できない項
目が多数あります。同様に、観測制御システムの性能や機能を評価する
上でも、観測装置が欠かせません。望遠鏡、観測装置、ソフトウェア、全
てが1つのシステムとして有機的に働くことで初めて目標としてきた性
能が達成できるのです。

　ファーストライト用に準備が進められた観測装置は、CISCOと
SuprimeCamでした。CISCOはナスミス焦点部に取り付けられる第1期
観測装置であるOHSの近赤外線のカメラ部分だけをカセグレン焦点に取
り付けて利用する装置です。SuprimeCamは広視野の可視光撮像装置で、
視野の歪みや平坦性などを補正するレンズ群とともに主焦点部に取り付
けられる第1期観測装置です。こちらもカメラ部分だけをカセグレン焦
点部に取り付けてファーストライト用カメラとしました。

　望遠鏡は1つですが観測装置は複数あります。観測装置が「1つではな
い」というところにソフトウェアの柔軟性が要求されます。通常は望遠
鏡を使って観測する装置、つまり、望遠鏡が集めた光を観測に使える装
置（本観測装置）は同時には1つだけですが、その間も、別の焦点部や装
置待機場所に置かれている観測装置（スタンバイ装置）は調整や補正の
ためのデータを取ることができます。また、補償光学装置（AO）とそれ
を使う観測装置のように、2つの装置を同時に本観測装置として使用す
ることもあります。そのため、ソフトウェアの試験は、少なくとも2つ
の観測装置を使って様々な組み合わせでおこなう必要があります。

7.3 試験に使える観測装置が間に合わない

CISCO は京都大学のチームが製作を進めており、一方、SuprimeCam は東京大学のチームが主となって製作を進めています。つまり、国立天文台が試験などの目的でスケジュールを自在にアレンジすることが困難です。観測制御ソフトウェアも三鷹本部やすばる山麓研究棟で十分な試験を事前におこなっておかなければ、マウナケア山頂の本番環境で問題なく動作する保証がありません。時間的な制約も大きいファーストライトの時期に「ソフトウェアが動かない」といった失敗は許されません。

山麓研究棟で計算機やソフトウェアの構築作業を開始した当初は、ファーストライト観測装置が十分に早い段階で準備ができて、その観測装置をソフトウェアの総合試験にも利用できると考えていました。しかし、観測装置にしても、これまで前例がない規模で、しかも新しい技術を詰め込んだファーストライト観測装置を、大きなプロジェクト管理という観点ではさほど慣れていない大学の研究室が主導して製作しています。進捗報告会を開くたびに、少しずつ、スケジュールが後ろに延びていきます。観測制御システムに観測装置をつないで、総合試験を本当にスケジュール通りに、あるいは、ファーストライトに間に合うように実施できるのか、わたしたちもだんだん不安になってきました。

7.4 試験用観測装置がなければ作るしかない

すばる望遠鏡の観測制御システム（SOSS）の相手は望遠鏡と観測装置です。観測制御システムの実装が終盤に近づくと、望遠鏡との接続試験、観測装置との接続試験や望遠鏡と観測装置を含めた総合試験を実際にどうするかの検討が始まります。

第5章でも説明しましたが、ここでSOSSと観測装置の関係を少し復習しておきましょう。SOSS側から見たときに直接相手をする観測装置とは、装置自体の制御をおこなって観測データの取得を担当する個別の観

測装置制御計算機（OBCP）です。逆に、観測装置側から見れば、SOSS
は装置に撮像を開始せよといった動作命令を送ってくるとともに、観測
装置が取得した観測データの送り先である観測装置制御計算機（OBC）
だけが見えています。

　OBCとOBCPを分けたのは、コンピューターの能力の問題のほかに、
観測装置の個性（観測装置固有の状態や制御方法）をOBCPに閉じ込め
て、SOSSからはどの観測装置も皆同じに扱えるようにするためです。観
測装置が1つならこのような構造にする必要はないのですが、すばる望遠
鏡は始めから欲張って7つの観測装置が同時に作られていたのです。観
測装置側の制御用ソフトウェアは観測装置開発グループがそれぞれ開発
することになっていました。

■望遠鏡と観測装置は一体として動作する

　一昔前の写真乾板の時代なら観測装置と望遠鏡は独立に動いていまし
た。しかし、現在の観測装置は望遠鏡と密に連動しています。したがっ
て、望遠鏡の制御システムと観測装置の制御システムを接続して、互い
に連携させる必要があります。観測装置から見ると望遠鏡側に位置する
SOSSと観測装置側の制御システムの境界（インターフェースポイント）
が装置ごとに異なると大変です。OBCとOBCPを分けることによって、
インターフェースポイントを統一して、インターフェース仕様を明確に
することができます。観測機器ごとの制御ソフトウェアをOBCP上で動
かし、OBCとの通信はSOSSが用意した標準のツールキットを観測装置
側の制御ソフトウェアに組み込むことによって、観測装置とのインター
フェースを統一しました。

　このツールキットにはもう1つ重要な役割があります。すばる望遠鏡
による観測データの所有権は全てハワイ観測所にあり、全ての観測デー
タはハワイ観測所が保存するという大方針があります。そこで、すばる
望遠鏡ではデータ形式はFITS形式に統一し、すばるの標準ヘッダーを

決めました。このあたりの事情は第5章や第6章のSTARSのところで述べました。観測装置は国立天文台だけでなく、日本の大学などでも開発されていました。観測装置から出力される電子データの形式は装置ごとに違います。そこで、観測装置側のソフトウェア開発者が、このツールキットを使ってすばる標準形式の観測データファイルを簡単に作れるようにしました。

■第1期観測装置を待てない

このような機能が期待通りの性能で動くかどうか、観測装置とSOSSの実機による実証試験が必要です。それをどの観測装置でおこなうかを決めなければなりません。当初は、SOSSの開発チームの何人か（佐々木、吉田道利、小杉、高田）が開発メンバーに加わっているFOCASという可視撮像分光装置が暗黙の候補でした。しかし、FOCASは1998年上旬には間に合いそうにないことがわかってきました。実証試験はシステム開発の重要な工程です。これが終わらないと次の工程には進めません。

時期ははっきりしないのですが1997年の夏頃、試験用観測装置を自分たち「すか」チームで作るしかないということになりました。

試験用といっても、観測装置としての基本機能を持たなければなりませんし、すばる望遠鏡に搭載するには機械的規格も合わせなければなりません。実機試験に間に合わせるには直ちに製作に取りかかる必要があります。時間との勝負です。製作費用は後で考えることにして、既製品のCCDカメラと数枚のフィルターを選べるフィルタータレットだけの簡単な可視撮像カメラを作ろうということになりました。

一方、三菱電機が担当している望遠鏡制御システムはTSCという計算機で動きます。このTSCとSOSSの組み合わせ試験は日本で繰り返しおこなわれて検証が進んでいました。次の段階は、望遠鏡と観測装置を実際につないでSOSSから制御できるかどうかの実機試験です。さらに、ソフトウェアが動くようになると望遠鏡を実際に夜空に向けてちゃんと星

の像を得られるように望遠鏡の機器を調整しなければなりません。ソフトウェア開発チームのメンバーはその調整にどの観測装置を使うのか気にしていませんでした。当然決まったものがあると思っていたのです。

■試験用観測装置CAC

「すか」チームがソフトウェアの総合試験のために試験用観測装置を独自に作ろうとしていることを、すばるプロジェクトの大番頭の野口猛に相談すると、カセグレン焦点に複数の装置を取り付けるためのカセグレン焦点観測装置自動交換装置（7.8節参照）に搭載できるタイプが良いということになりました。さらに、望遠鏡の調整用の観測装置がないこともわかりました。そこで、相談ついでに、「望遠鏡グループも、自由にデータ取得をして光軸中心や焦点位置を決定するのに使える装置が必要でしょう」と拝み倒して、野口、湯谷正美と天文機器開発実験センターの大島紀夫で試験用観測装置のハードウェア周りを作ってもらえることになりました。これがカセグレン光軸調整カメラCAC（Cassegrain Alignment Camera）です。

　CCDカメラにはSpectra Source Instruments社の1024×1024ピクセルの高感度電子冷却CCDシステムを採用しました。図7.3はCCDカメラで最初に撮った画像です。レンズの代わりにCCDカメラの前にピンホールを空ける紙を置いて撮影したものです。「すか」の開発メンバーの4人がムンクの叫びの絵のような姿で写っています。中央の人物がネクタイをしているのがわかります。これで、CCDカメラの付属のソフトウェアでパソコンから画像を取得できることが確認できました。

　これで、実証試験に使う観測装置の目処が立ちました。SOSSとCACの結合試験は三鷹計算機システムでおこないます。それが済み次第CACはハワイに送ることになりました。

　結合試験に使える時間を十分とるためには、CACの制御ソフトウェアを早急に作らなければなりません。始めは開発予算がないので水本が一

図7.3 CAC用のCCDカメラで撮った最初の画像：装着できるレンズがなかったため、ピンホールカメラの原理を使って撮影（小杉提供）

図7.4 CACで撮ったファーストライト画像：木星と土星の3色合成画像（国立天文台提供）

人で作るつもりでした。しかし、「すか」チーム内で相談すると、プログラミング能力が信用されなかったのか、品質が怪しいし、予定通りに完

成しない恐れが高いと却下されてしまいました。短期間に完成度の高いソフトウェアを作るのはプロに敵うわけがありません。SOSSと観測装置とのインターフェースに精通している「すか」のデータ取得（DAQ）チームが作ることになりました。

　完成したCACはSOSSとのソフトウェアの結合試験が終わると、ハワイに送られて、試験用観測装置として使われました。1999年のすばる望遠鏡のアストロノミカルファーストライト（7.8節参照）のときに、可視の撮像装置として活躍しました。そのときの画像が図7.4です。

7.5　準備完了

　山頂での望遠鏡、観測装置を含めた観測制御システム、ヒロ山麓研究棟での大型計算機の設置とデータ解析およびデータアーカイブシステムの立ち上げによって、すばる望遠鏡のソフトウェアシステムが完成しました。図7.5は初期設計時に作成した全体システムの図です。

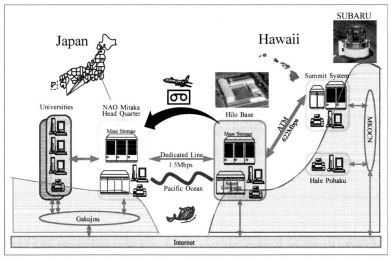

図7.5　初期設計時のすばる望遠鏡観測計算機システム構成図：観測データは航空便で国立天文台三鷹本部に輸送してアーカイブされる想定だった

マウナケア山頂に望遠鏡制御や観測装置制御システムが、ヒロ山麓研究棟の大型計算機システムにはデータアーカイブがあり、国立天文台三鷹本部にも同様のデータアーカイブが準備されます。数年の年月をかけて、ようやく構想が実現されたのです。図7.5が作られた初期設計段階では、観測データを全てオンラインで日本にあるアーカイブセンターに送ることは困難であると考え、データを保存した磁気テープを航空便で運ぶことになっていました。しかし技術の進歩は早いもので、すばる望遠鏡立ち上げ時には太平洋海底ケーブルによる通信が確立されており、オンラインでのデータ転送が可能となっていました。

　すばる望遠鏡と観測制御システム、エンジニアリングファーストライトに必要な全ての準備が整いました。

コラム　すばる望遠鏡の運搬

　すばる望遠鏡主鏡はコーニング社（ニューヨーク州）での8.3m ULEガラスの製作の後、コントラベス社（ペンシルベニア州）で研磨されました。主鏡サポート試験のために、主鏡裏面には主鏡をサポートするための261本の主鏡サポート用アクチュエータの取り付け穴とその治具および3個の固定サポート治具が装着されています。主鏡は大型の砂糖運搬船で、ハリケーンを避けながらカリブ海からパナマ運河経由でホノルルに到着しました（図7C.2）。ヒロの港は小さく波が高いのでカイルアコナ港に向けて、船底の浅い船に乗せ替えて運ばれました。

図7C.2　大型砂糖運搬船でパナマ運河経由でホノルルに到着した望遠鏡主鏡コンテナー（緑色の覆い。船上の二重円に見える物体）（1998年11月2日ハワイ時間。宮下曉彦撮影）

主鏡を入れたコンテナー筐体は大型トレーラーで運搬されました。海岸沿いの広い道では2車線を覆う大きさで交通整理が行われました。マウナケア山に登る道では道幅いっぱいの移動です（図7C.3）。移動はほぼ人の歩くスピードであり、ハレポハクからマウナケア山頂までの凸凹の多い悪路では、鏡の防振と水平維持のために運搬担当の日本通運の方は歩いて同道したようです。

図7C.3　大型トレーラーで運搬されるすばる望遠鏡主鏡。マウナケア山に登る道では道幅いっぱいの移動で、ほぼ人の歩くスピードで進んだ（1998年11月5日ハワイ時間。佐々木撮影）

　2日がかりの運送でマウナケア山頂のすばる望遠鏡ドーム下部に主鏡は格納されました（図7C.4）。

図7C.4　2日がかりでの運送でマウナケア山頂のすばる望遠鏡ドーム下部に主鏡は格納された（佐々木撮影）

第7章　ラストスパート　｜　191

なお、副鏡は、少し遅れて1998年12月17日に完成し、航空便でヒロまで輸送されました。

7.6　エンジニアリングファーストライト、ちゃんと動くか

　クリスマスシーズンは、ヒロの町でも家々がカラフルな電飾で飾られ、人々は仕事を忘れて家族一緒に楽しんでいます。1998年12月24日クリスマスイブには、そんな下界をよそ目に、関係者全員がマウナケア山頂の観測制御室に集まってきました。観測制御室は多くの技術者、観測者、観望者、それにNHKと岩波の録画撮りチームで大変な混みようです。

　いよいよオートガイダーのCCDで星を見る準備が整ったようです。望遠鏡側の操作端末に北極星の座標を入力して、望遠鏡を向けます。観測制御側では画像を見られるモニターの前に人だかりができています。望遠鏡のステータス画面で赤経、赤緯の表示が北極星の座標で止まりました。あれっ？　画像のモニター表示は何も変わりません。1分経っても2分経っても変化なし。何かおかしい。三菱のエンジニアが望遠鏡やオートガイダーカメラのステータスを確認しています。わかりました、オートガイダーのシャッターが閉じたままです。

　気を取り直して、今度はオートガイダーのシャッターを開けるコマンドの投入です。モニター画面のほとんどいっぱいに大きな淡い円が映し出されました。少し暗めですが、ピントが合っていないせいなのでしょう。ピントを合わせるために副鏡を動かすコマンドを投入し、少しずつ副鏡位置を変えていきます。しかし何も変化がありません。オートガイダーの図面を調べて、ようやく大きな円はピンぼけの星ではなく、視野絞りであることがわかりました。ただ、視野絞りが見えるということは、望遠鏡から光が届いているということです。では、なぜ星が見えないのでしょうか？

192　第7章　ラストスパート

観測制御室は望遠鏡から100mほど離れた場所にあります。ですから実際に望遠鏡がどこを向いているのか目で確認していませんでした。誰かが長い寒い通路を通って望遠鏡を見に行きました。トランシーバーから「望遠鏡がずいぶん高いところを向いている」と聞こえてきました。北極星はハワイでは高度20度程度の低いところに見えるはずなのに。結局、望遠鏡が正しい方向を向いていないことがわかりました。

　三菱電機のエンジニアが現場で原因を調査して、望遠鏡指向プログラムの初期バグ修正をおこないます。日付も変わり午前3時頃から観測を再開。

図7.6　すばる望遠鏡エンジニアリグファーストライト：飾りを取り付けてお祝いをした。ただし、その時 北極星と思っていた星は、北極星近くのより暗い7等星の星だった。左から石原、清水、榊原（以上、三菱電機）、佐々木（天文台）。天文台からは、ほかに小杉、野口、宮下がいた（宮下曉彦撮影）

　今度はオートガイダーのシャッターが開いていることを確認し、望遠鏡を北極星に向けました。皆の目がモニターに集まります。何かぼんやり光るものが見えます。副鏡を調整していくと、だんだん点像に近づいてきます。星像サイズが1秒角くらいのほぼ円形に星像が得られ「合焦」といえる状況になりました。望遠鏡を少し動かすと、モニター上で点像

の位置も移動します。これは間違いなく星の光です。待ちに待ったエンジニアリングファーストライトです。部屋中大きな拍手に包まれました。写真（図7.6）はそのときの光景です（1998年12月25日午前3時頃ハワイ時間）。

■本当に北極星なの？

　でも、北極星ってこんなに暗かったでしょうか？　8m望遠鏡で2等星を見ているのに。何かがおかしい。実は、望遠鏡を設置しただけでは目的の方向に正確に向けることができません。実際の星を複数観測して、水平方向、垂直方向のずれ、望遠鏡のたわみなどを補正して、初めて正確な方向に向けられるようになります。エンジニアリングファーストライトということは、これまで一度もそのような調整をしたことがなかったわけです。冷静に考えれば当然のことなのですが、どんなに星の座標を正確に入力しても、北極星が簡単に視野に入ってくるはずがありません。

　試しに望遠鏡を少し上下左右に動かしてみましたが、それらしい明るい星は入ってきません。今度は本格的に、最初の場所を中心に望遠鏡が螺旋を描くよう、オートガイダーの画面サイズの半分に相当する量だけ望遠鏡にオフセット駆動命令を次々に与えながら、北極星を探しました。そんなことを10分程度続けていたでしょうか、突然モニター画面が真っ白になりました。これこそ本物の北極星です。あまりの明るさに、オートガイダーCCDが露出オーバーになってしまったのでした。さすが、すばる望遠鏡。わたしたちにとって、何よりのクリスマスプレゼントとなりました。

■ハワイの興奮をよそ目に

　エンジニアリングファーストライトで北極星が見えたという情報は、日本時間12月25日に三鷹本部のすばる推進室にも届きました。「すか」チームで三鷹に残ったのは、近田義広、水本好彦、八木雅文の3人でし

た。水本の12月25日のメモには、「すばるEFL，北極星が30秒の視野に入る」と1行だけ記されています。三鷹ではその日もDASHの開発打ち合わせが一日中おこなわれていました。

7.7　ファーストライト観測装置のソフトウェア試験

　前にも書きましたが、ファーストライト用の観測装置としては、CACに加えてCISCOとSuprimeCamの準備が進められました。CISCOは比較的早めにソフトウェアの準備や試験を始めることができました。1998年9月中にヒロ山麓研究棟でツールキットを使った接続試験をおこない、コマンドやステータス通信、データ転送および簡単な抽象化コマンドの実行まで確認しました。CISCOは京都大学のチームが製作した赤外線カメラで、接続試験がおこなえるのは京都大学チームがハワイ観測所に滞在している間だけで、次の機会は11月です。11月中下旬に再度接続試験をおこない、前回の試験に加えて、フィルターなどの駆動部を実際にコマンドで制御したり、撮像データのリアルタイム加算など簡易処理ツールキットの動作確認をしたりしました。前回の試験時に出た不具合が解消されていることを確認し、ヒロ山麓研究棟でのインターフェース確認試験が無事完了しました。山麓研究棟で十分な事前試験をおこなうことで、空気が薄く作業効率が落ちるマウナケア山頂での作業を極力減らすことができます。思惑通り、その後CISCOを山頂に上げてからも、ソフトウェア的な問題はあまり生じませんでした。

　SuprimeCamは1998年11月中旬に日本でシミュレータ相手に簡易接続試験をおこなった後、ヒロに向けて輸送され、ファーストライトが迫る12月第2週にヒロ山麓研究棟に到着しました。第3週にインターフェース確認試験をおこない、なんとかコマンドやステータス通信、およびデータ転送の確認ができました。このような短時間で一応の確認試験ができたのは、「すか」チームの新しいメンバーである八木がこの観測装置のソ

フトウェア部分も担当していたからでしょう。大変嬉しい誤算でした。

7.8 本番のアストロノミカルファーストライト

　クリスマスのエンジニアリングファーストライト以降、年末の12月31日午前1時まで、念入りな望遠鏡の調整が続きました。例えば、ポインティングアナリシス、これは全天にある100個程度の星を次々に望遠鏡のオートガイダーで撮影し、ガイダー上の星の位置をもとにして、望遠鏡の指向方向のずれを補正するテーブルを作ります。これによって、望遠鏡の据え付け誤差である方位の微少なずれや鉛直軸の傾き、望遠鏡のたわみなどが補正できるようになります。こうすることで、天球上のどこに向けても、おおよその角度で1度の千分の一の精度で望遠鏡を正確に指向できるようになりました。ミラーアナリシスは望遠鏡の主鏡を最適な形状にするためにおこないます。これらの調整や試験を何度も何度も繰り返し年内の作業は終了しました。ようやく一息つけます。再開は年明けの1月4日、観測装置を使った本番ファーストライトが待っています。

■カセグレン焦点観測装置自動交換装置

　望遠鏡の調整が続いている間も、観測装置の準備が並行しておこなわれていました。本番ファーストライト用の装置はすばる望遠鏡のカセグレン焦点部に取り付けられたカセグレン焦点観測装置自動交換装置（CIAX3）に搭載されました。CIAX3は小型の観測装置を同時に3台まで搭載して、観測に使用する観測装置をボタン1つで切り替えることができる自動装置交換システムです。エンジニアリングファーストライトのわずか3ヶ月前の1998年9月に国立天文台三鷹本部で動作確認と観測装置との組み合わせ試験を終わらせ、すぐさまハワイに送られました。10月中旬にハワイのヒロ港に到着し、いったんマウナケア山頂のすばる望遠鏡カセグ

レン焦点部や観測装置待機室で機械的なインターフェースの確認をおこなった後、観測装置とのインターフェース確認のために山麓研究棟に下ろされました。山麓研究棟では12月中下旬まで、光学シミュレータに取り付けて、CISCOやSuprimeCamなどのファーストライト観測装置を搭載して、ハードウェアやソフトウェアのインターフェース確認に活躍し、ファーストライト直前に再度山頂まで輸送して、カセグレン焦点部に装着されました。CIAX3には、CAC、CISCO、SuprimeCamの3観測装置が搭載されました。これらのファーストライト観測装置はCIAX3に搭載された状態で、観測制御システムを相手に最後のインターフェース確認試験をおこないました。

■活動再開は正月明け

　年が明けてマウナケア山頂での活動を再開した1999年1月4日、CISCOは冷凍機に問題が見つかってしばらく使用できなくなりました。また、CIAX3にも問題が生じて自動で観測装置の交換ができない状態に陥りました。前半夜は湿度が高く、星が見えているのに望遠鏡のドームシャッターが開けられない状態です。いろいろな問題を前にして、少し諦めムードが漂ってきます。現地時間ではすでに日が変わって5日になっていました。少し湿度が下がった瞬間を見計らって、ドームシャッターを開け、望遠鏡を天体に向けて、SuprimeCamで撮影を始めました。ところが、こちらもシャッターがうまく制御できません。悪戦苦闘の末、観測装置の制御計算機を使ってなんとか数枚の天体画像が撮れました。これがすばる望遠鏡のアストロノミカルファーストライトとなりました。

■記念すべき観測制御システムのファーストライト

　アストロノミカルファーストライトの夜が明けると、ハレポハク中間宿泊施設に下りて泥のように眠りました。1月5日夕方に起き出し、夕食を済ませて、再びマウナケア山頂に上がります。またもや夜中頃、わた

したちが準備してきたCACがファーストライトを迎えます。こちらは望遠鏡のエンジニアリングファーストライトと同様、北極星を撮影しました。装置は正常に動作し、観測制御システムとの間のコマンドやステータス通信も問題なし。撮ったデータもすぐに観測制御システムに転送され、ヒロ山麓研究棟で正しくアーカイブ保管されることを確認しました。アストロノミカルファーストライトとしては2番目ですが、実際の運用時と同じように観測制御システムから望遠鏡、観測装置全てを有機的に制御して観測データを取得したのは、この日が初めてです。わたしたち観測制御システムの開発にかかわってきた者にとっては、この日が記念すべきファーストライトとなりました。

　1月11日にはCISCOのファーストライトです。事前に観測制御システムと十分なインターフェース確認試験をおこなった甲斐があり、CISCOはすばる観測システムの一部として正常に機能しました。この後しばらくはファーストライトのプレスリリース用の撮影が続きます。そして次にCIAX3に搭載されたNHKのスーパーハイビジョンカメラは1月中旬に素晴らしい動画を撮影し、すばる望遠鏡のファーストライトのニュースとともに全国放映されることになります。

■ハワイ観測所と三鷹本部、それぞれの道へ

　この頃、三鷹本部では、ファーストライトの記者発表のための準備がおこなわれていました。12月28日には、唐牛すばる推進室長から、1月15日以降にファーストライトの記者発表をするので、データ処理の準備をせよという指令が出ました。ファーストライトで撮られた観測データは三鷹本部でも解析処理がおこなわれました。CISCOの観測データのヘッダー情報の不備や、CACの制御ソフトウェアの修正などのバックアップ作業は三鷹本部の「すか」チームでおこないました。基本的なデータ処

理はDASHでおこないました[1]。観測データは基本的に単色の白黒画像です。記者発表用のきれいなカラー画像は、何種類かのフィルターで撮った単色画像をカラー合成して作ります。見栄えの良いカラー画像にするには経験とセンスが必要です。そこで、カラー合成作業は天文情報公開センターの福島英雄が担当しました。

　ファーストライトを境に、ハワイ観測所と三鷹本部の役割分担が大きく変わることになります。すばる望遠鏡のソフトウェアシステムの開発はハワイ観測所が中心となり、三鷹本部は支援業務が主となり、開発はDASHだけになりました。

コラム　ハワイ島でのゴルフ

　ハワイ島は四国の半分の広さがありますが、人口は20万人弱です。観光としては、キラウエア火山やシーリゾートが有名です。

図7C.5　カイルアコナにて。佐々木、河合、宮下

図7C.6　宮下のスイングと沖田、河合

1.SuprimeCam のデータ処理は DASH ではなく、SuprimeCam チームが開発した通称「ねこソフト」でおこなった。

第7章　ラストスパート　199

そのほかにゴルフ場も多くあり、楽しむことができます。現地滞在者は現地在住の方々と同様に訪問者の半額から3割のコース料金でプレーできます。ヒロの町民向けにハーフコースの町民ゴルフ場もあり、ハーフずつ2度プレーしてフルコース相当で1000円以下で楽しむこともできました。ゴルフなど、日本でほとんどしたことのなかった天文研究者も余暇の楽しみとしている方も増えました（図7C.5、図7C.6）

||||||||||||||||||||||||||||||||||||||||||||||||||||||||||||||||||||||||||||||||||||||||||||||

7.9　エピローグ

その後、望遠鏡や観測制御システムのさらなる調整が進み、1999年中頃から7つの第1期観測装置が次々とファーストライトを迎えます。ファーストライト装置としてカセグレン焦点で活躍したSuprimeCamを補正レンズと組み合わせて主焦点に設置した主焦点可視光広視野カメラSuprimeCamが1999年7月にファーストライト、同年12月には冷却中間赤外線分光装置COMICSが、2000年2月に微光天体分光撮像装置FOCAS、コロナグラフ撮像装置CIAO、もう1つのファーストライト装置CISCOをカメラとして使うOH夜光除去分光器OHS、さらに近赤外線分光撮像装置IRCSが立て続けに、そして、7つの第1期観測装置最後には高分散分光器HDSが7月に無事ファーストライトを迎えました。

■つかの間の休息

観測装置のファーストライトラッシュの合間を縫って、1999年10月中旬には「すばる家族観望会」がおこなわれました（図7.7）。三菱、富士通、天文台、それぞれの職員がすばる望遠鏡の立ち上げに精一杯打ち込めたのは、家族の方たちの辛抱と協力があったからです。それぞれの職員の家族をマウナケア山頂すばる望遠鏡のドームに招きました。その日だけ特別に眼視ですばる望遠鏡から天体を覗けるようにレンズを取り付けて、口径8メートルの眼視用望遠鏡に仕立てたのです。

200 | 第7章 ラストスパート

図7.7 すばる望遠鏡を眼視で覗く：すばる望遠鏡のナスミス焦点部に取り付けられた眼視用アダプターで天体観望。家族会に訪れた小杉夫人

　惑星状星雲の緑と赤で彩られた複雑な形がはっきりと見えます。球状星団の星が完全に1個1個区別できます。遠方の銀河の渦巻きがくっきり見えます。おそらく、こんな巨大な望遠鏡を肉眼で覗いた人は世界でもわたしたちだけでしょう。これまで長い時間かけて溜まってきた疲れが一気に解消されました。それを決断した海部所長（当時）に感謝します。でも、わたしの目にいちばん焼き付いているのは、眼視観望の試験のときに見た木星です。木星が視野いっぱいに広がり、目がくらむほど眩しく、惑星探査機ボイジャー[2]から送られた衝撃的な画像そのもののように複雑な模様がはっきりと見えました。

■夢は実現するもの

　観測制御システムの改良はその後も続けられ、計画通り望遠鏡、観測装置、ソフトウェアの有機的な結合がさらに進んでいきます。望遠鏡を観測ターゲットに向けつつ、望遠鏡のオートガイダーを必要な場所にセットし、望遠鏡がターゲットに向くと同時にオートガイドを開始して撮影

2.NASAの惑星探査機ボイジャーは、1号と2号の2機体制で1977年に打ち上げられ、1979年から1981年にかけて相次いで木星や土星に接近し、それまで誰も目にしたことがない詳細で鮮明な惑星や衛星の画像を送ってきた。2号はその後、天王星や海王星にも接近して探査をおこなった。

第7章　ラストスパート　201

可能な状態にする。また、ターゲットを中心に望遠鏡を相対的に駆動して、その駆動と同期させながら観測装置で撮像観測をおこなう、あるいは、観測装置で撮られた画像を準リアルタイムで解析しながらその情報を元に観測装置の特定の場所に天体を導入する、10年前には夢だったような複雑なことが、それぞれたった1つの抽象化コマンドで実現できるようになっていきました。わたしたちが長年かけて育ててきたアイデアが、すばる望遠鏡の観測制御システムの中で、1つひとつ結実していきました。

付録　すばる望遠鏡観測制御システムの詳細

A.0　技術的な詳細をまとめるにあたって

「すし仕様書」（4.4節）および「すか」での開発（5章と6章）で製作された、すばる望遠鏡制御系ソフトウェアの詳細をこの付録で見ていきましょう。第7章までと一部重複する部分もありますが、技術的な詳細が付録だけでも完結するようにまとめました。

　図A.1にマウナケア山頂のすばる望遠鏡・ドームの内部構造と計算機がある山頂制御棟を示しました。ドームは7階建ての高さ43mです。制御棟はドームから離れて設置されています。計算機・制御機器の発熱がドーム内に流入すると空気の乱れが起こり、星像劣化につながります。それを防ぐために制御棟とドームを分離してあります。3階の観測室で観測者がオペレータと一緒に夜間に観測をおこないます。マウナケア山頂は0.6気圧の大気しかありませんので、人の移動も大変です。人や機器の移動のために要所にエレベータが設置されています。制御棟と望遠鏡の間は直線距離で約60m、望遠鏡は経緯儀架台の上で天体を追って回転します。望遠鏡にはケーブル巻き取り装置があり、垂れ下がった状態のケーブルが望遠鏡の回転を追うように回転軸に巻き取られていくことで、動かない架台と回転する望遠鏡をケーブルでつないでいます。焦点部まで望遠鏡に沿ってケーブルを配線すると、制御棟の制御計算機からドーム内の制御機器までは全長300mほどになります。これだけの長さがあると、高速信号線布線の場合には信号減衰を十分に考慮しなくてはいけませんでした。なお、マウナケア山頂高度は4205mですが、すばる望遠鏡のある高度は4139mです。

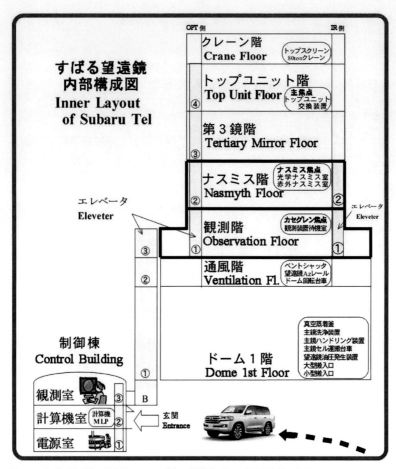

図 A.1 すばる望遠鏡の望遠鏡・ドーム内部と計算機がある山頂制御棟の配置

A.1 すばる望遠鏡の制御システム

少し専門的になるかもしれませんが、すばる望遠鏡の制御システムを構成している望遠鏡制御、観測統合制御、観測装置制御・データ取得のソフトウェアを紹介します。

■初期のすばる望遠鏡の制御系の提案

初期のすばる望遠鏡の制御系の提案は、主要な通信部分にRS-232C/422を用いた構成となっており、将来的な拡張性に乏しいものでした。そのため、国立天文台から岡山観測所91cm望遠鏡とOOPS装置制御系で経験があったリモートプロシジャーコール（RPC）を用いた制御系を提案し、再検討の結果、現在用いられているような望遠鏡、観測装置の分散処理系として設計することとなりました。第7章までで概要を紹介しましたが、観測を統合的に制御する観測統合制御計算機OBSのもとに、望遠鏡制御計算機TSC、データ取得・解析計算機OBC、装置固有の制御計算機OBCPがネットワークによって接続されるものです。OBCPと観測装置のローカル実行ユニットOBEは観測装置製作グループが準備します。実行コマンドや実行結果のステータスデータはRPC電文として送受信されます。

■観測制御ソフトウェアの設計と具体化

観測制御ソフトウェアでは、観測実行の際に必要とされる以下の機能、(1) 観測制御機能、(2) 観測支援機能、(3) 保守・管理機能、の実現を図るように設計・製作しました。観測制御機能には、観測手順に従って観測をおこなうためのスケジューリング機能とステータス情報管理機能があります。ステータス情報管理には、ステータス情報を一元管理し保存するステータスロガー機能、観測装置情報を保存しているデータベース管理機能があります。観測者や夜間の観測オペレータによる随時の操作に対応するイベント駆動型処理機能も含まれます。観測支援機能としては、観測準備時におこなうことを想定した観測手順のシミュレーション機能と、焦点部で交換した観測装置の立ち上げ時の動作確認処理機能があります。将来の観測手順向上を見据えて観測履歴を元にした学習機能も含めています。保守・管理機能として、安全監視・資源管理、天候監視、ネットワークアクセス管理機能、故障時の対処、をおこないます。

安全監視・資源管理では、人や観測装置、望遠鏡の監視・管理が重要です。天候監視では、ドーム周辺に設置されている気象モニター装置からの気象確認と安全対策、観測に影響するシーイング劣化への対応も求められます。それぞれの機能は個別の計算機で処理され、相互にデータ共有を図っています（第4章の「表4.1　すばる望遠鏡計算機一覧」「表4.2　すばる望遠鏡ネットワーク」および「図4.4　すばる望遠鏡制御システムの各制御計算機の配置」を参照）。ただし、具体化にかかる作業量や要求仕様の明確化の遅れなどから、実際には、観測シミュレーション機能や学習機能、さらに、人の監視などは実現されませんでした。

A.2　観測制御システム

まずは、観測制御システムの中心となる観測統合制御計算機OBSとデータ取得・解析計算機OBC、観測装置制御計算機と観測装置OBCP/OBEの役割を見ていきます。その紹介の後で望遠鏡制御計算機TSCの詳細をA.3節で見ます。観測装置制御系の一例として、カセグレン焦点部に装着される観測装置の微光天体分光撮像装置FOCASをA.4節で詳細を説明します。

■観測統合制御計算機OBSの機能概要

観測統合制御計算機OBSには、観測装置や望遠鏡を統合的に制御する役割があります。観測装置の制御は、それぞれの観測装置専用のOBCPが担っています。OBCPと観測装置OBEの間の接続は、装置側が自由に決められます。OBSは、あらかじめ用意された観測手順書に記述されている観測スケジュールに従って観測を遂行します。観測手順書に記述される観測実行のコマンドは、人間が理解しやすく、しかも、観測装置の違いを吸収した「抽象化コマンド」としました。装置ごとの違いは抽象化コマンドのパラメータとして記述されます。抽象化コマンドはOBSの

中で装置や望遠鏡が理解できる「装置依存コマンド」群に変換され、観測装置制御計算機OBCPや望遠鏡制御計算機TSCに送信されます。OBSは上記以外にも、データ取得・解析計算機OBCや望遠鏡画像取得計算機VGWに装置依存コマンドを発行します。OBCでは観測に準リアルタイムでフィードバックをするための簡易解析機能が呼び出され、VGWではオートガイダーやスリットビューワーなど望遠鏡が持つカメラで取得された画像データをFITS化してアーカイブに転送する機能が呼び出されます。

■ OBSの観測スケジューラ機能

　OBSで観測実行をおこなうために観測スケジューラが用意されています。観測スケジューラとは、観測者が用意した観測天体リストや観測手順書に従って、望遠鏡・観測装置を制御し、観測を遂行する観測のマスタープログラムです。また、時々刻々の状況の変化に即応して新しい観測手順書を作成あるいは現存する観測手順書を最適になるように更新していく機能も検討しました。記録された観測内容は観測者・オペレータに理解しやすい形式で報告できなければなりません。そのため、望遠鏡・観測装置・ドーム・気象モニター等から情報を抽出して報告する機能、画像データ統計情報や観測履歴の報告機能、データベースの検索機能等も検討しました。

　観測スケジューラでは、観測実行目的に従って4つの動作モードを用意しています。それらは、1）会話型モード、2）登録型モード、3）自動モード（未実装）、4）透過モード、です。観測装置の立ち上げ期には会話型モードが、通常の観測時には登録型モードが主に使われることになりました。

■会話型モード

　会話型モードは、観測コマンドをGUI画面より投入して、実時間で望

付録　すばる望遠鏡観測制御システムの詳細　｜　207

遠鏡システムと観測装置を制御するモードで、以下の機能を持ちます。(1) システム設定データ類の選択・更新、(2) マクロコマンド作成機能とそのマクロコマンドの整合性のチェック、(3) 個々のコマンド、マクロコマンドの発行および現ステータスとの整合性・安全性のチェック、(4) 現在の動作の表示、です。また他の登録型モード、自動モード、透過モードにおいても、観測者・オペレータの判断が必要な場合を想定し会話型モードによる割込処理を実現しています。

■登録型モード

登録型モードでは、あらかじめ観測制御シーケンスを観測手順書に登録しておき、その観測手順書に従って自動的あるいは半自動的に観測制御をおこなうモードです。登録型モードは以下の機能を持ちます。(1) システム設定データ類の選択・更新、(2) マクロコマンド作成機能とそのマクロコマンドの整合性のチェック、(3) 現在の動作の表示、です。

■自動モード

スケジューラの自動モードは、時々刻々変化する状況を判断しながら適宜自動的に観測手順書を更新し、最も効率よく必要十分な観測データを取得することを目的としており、設計初期には検討を進めていましたが、実装することはできませんでした。

■透過モード

透過モードは観測装置の立ち上げ時にOBCP主体の制御でテストをおこなうときに使われることを想定したモードで、観測装置開発者からの要求に応じて実装したものです。OBSの観測スケジューラをインターフェース部として、観測装置制御系OBCPから伝送されてきたコマンドを検査したのちに望遠鏡制御系TSCに伝送します。コマンド検査は、コマンドメッセージとしての文法、ステータスデータの照合によるコマン

ドの正当性確認を含みます。コマンド検査は、システム運用が柔軟にできるようにいくつかのレベルを設けています。通過したコマンドの受付応答（リプライ）は、コマンド発信元に戻します。

■抽象化コマンドと装置依存コマンド

　観測は「抽象化コマンド」をOBSで逐次実行することによって遂行されます。抽象化コマンドとは、望遠鏡や観測装置の動作を含め、いくつかの制御機能をまとめて、連続動作（非同期処理）や同期処理を可能とするもので、観測制御システムに登録されています。コマンドとしては装置の違いを吸収しつつ、装置ごとに異なった動作を可能とするために、多くのパラメータが設定されています。抽象化コマンドは、

　　抽象化オブジェクト名 ＋ 観測装置識別子 ＋ 抽象化パラメータ

の形式を取ります。抽象化オブジェクト名は観測装置間で共通に使われる名前で、実行される機能を端的に表します。観測装置識別子によって制御される観測装置が規定され、抽象化パラメータによって動作が制御されます。

　抽象化コマンドはOBSの「デコーダ」によって「装置依存コマンド」群に展開されます。装置依存コマンドは観測装置や望遠鏡などに固有のコマンドで、それぞれ単一の機能あるいは動作に対応しています。これらの単一機能の組み合わせと同期・非同期実行によって、小さくまとまった一連の観測操作を実現します。装置依存コマンドは、

　　動詞 ＋ 対象システム ＋ 対象機器
　　　　　　　　　＋ 制御種別=パラメータ （＋ …）
　（例）EXEC FOCAS Filter1 Select=XX

の形式になります。動詞はEXEC（実行）、対象システムは観測装置（例えば、FOCAS）や望遠鏡制御（TSC）などです。対象機器は対象システム内の制御対象で、この例ではフィルター選択機構（Filter1）です。さらにこの制御対象をどのように制御するか、複数追記されます。

　装置依存コマンド群に展開された抽象化コマンドの一例を表A.1に示しました。対象の観測装置はIRCSです。抽象化コマンドの展開（デコード）に使われるルールは、観測を熟知した観測所のサポートアストロノマーによってファイル（スケルトンファイルと呼びます。表A.1参照）として作成・更新・登録されます。OBSのデコーダは、登録されたスケルトンファイルに基づいて、種々の装置依存コマンドを適切なタイミングで発行します。サポートアストロノマーによるスケルトンファイルの更新は、即座にシステムに反映されるように設定していたため、観測装置立ち上げ時など、観測目的に応じた制御手順を個別に試行錯誤する段階では、特に有効に働きました。

■データ取得・解析計算機OBCの機能

　データ取得・解析計算機OBCは、全ての観測装置からFITS形式（5.5節参照）の観測データを受け取り、山麓研究棟のアーカイブに転送します。また、望遠鏡の各焦点部に据え付けられているオートガイダー、スリットビュワー、シャックハルトマンカメラなど、観測装置以外から生成される画像データは、OBSから望遠鏡画像取得計算機VGWへの装置依存コマンド指示によりVGW上でFITS化され、OBCに転送、アーカイブされます。

　OBCでは受信した画像を使った簡易解析がOBSの指示によりおこなわれます。観測へのフィードバックをおこなう簡易処理は、例えば、分光観測の際に目的天体を観測装置の細いスリット上に導入する際に使われるものがあります。2枚の画像（スリットだけが写った画像と天体が写った画像）を入力として、画像上でのスリットと天体の位置の差を計算し、

210 ｜ 付録　すばる望遠鏡観測制御システムの詳細

表 A.1　IRCS で分光観測に用いる抽象化コマンドの装置依存コマンド展開用スケルトンファイル*
の一部（*抽象化コマンドファイルは観測実行の骨格ということで、スケルトンファイルと名づけて
いる）

(注) [,] は非同期制御、[;] は同期制御、[!] はステータス取得、$ は変数代入。

```
...
Exec OBS memory Instrument_name=IRCS
    C1=&Get_F_NO[IRCS A $NFRAME] C2=&Get_F_NO[IRCS A
    $NFRAME] C3=&Get_F_NO[IRCS Q $NFRAME] ;
Exec OBS Check_Status Mode=AND Timeout=0720
    N1=[STATS.ROTDIF -0.005 +0.005] ;
Exec TSC TelDrive Motor=on Coord=rel RA=0.0 DEC=10.0
    EQUINOX=!STATS.EQUINOX Direction=TSC ;
Exec IRCS SNAP DTYPE=$DTYPE IT=$EXPTIME ID=$ID
    NDR=$NDR COADDS=$COADDS REPS=$NFRAME
    TOBUFF=22 RSV0=0 RSV1=0 AP=N AS=N QL=N
    F_NO=!STATOBS.IRC.C1 SAVE=Y ;
Exec TSC TelDrive Motor=on Coord=rel RA=0.0 DEC=-10.0
    EQUINOX=!STATS.EQUINOX Direction=TSC ;
Exec TSC AGSH_Probe Motor=ON Coord=ABS
    RA=!VGWQ.AGP.ABS.RA DEC=!VGWQ.AGP.ABS.DEC
    EQUINOX=!VGWQ.AGP.EQUINOX F_Select=Cs_IR
    PMRA=000.0000 PMDEC=000.0000 E=OFF ANAB=+0.000 ;
Exec TSC AG Readout=ON D_TYPE=OBJ
    EXPOSURE=( !VGWQ.AGE.EXPTIME * 121 / $BINNING /
    $BINNING ) BINNING=$BINNING CAL_SKY=OFF
    CAL_DARK=OFF CAL_FLAT=OFF X1=32 Y1=32 X2=410
    Y2=410 ;
Exec OBS Check_Status Mode=AND Timeout=0060
    C1=[VGWD.DISP.AG NE !VGWD.DISP.AG] ;
Exec OBS Check_Status Mode=AND Timeout=0060
    C1=[VGWD.DISP.AG NE !VGWD.DISP.AG] ;
Exec OBS Check_Status Mode=AND Timeout=0060
    C1=[VGWD.DISP.AG NE !VGWD.DISP.AG] ;
Exec TSC AG Readout=OFF ;
Exec VGW Region_Selection Motor=on V_LAN_DATA=AG
    Select_Mode=$REGION_SELECT X_Region=( $READREGION
    * 11 / $BINNING ) Y_Region=( $READREGION * 11 /
    $BINNING ) ;
Exec VGW AG_Guide_Area_Selection Motor=on AG_Area=AG1
    Select_Mode=$REGION_SELECT X_Region=( $CALCREGION
    * 11 / $BINNING ) Y_Region=( $CALCREGION * 11 /
    $BINNING ) ;
...
```

それを天球面上で望遠鏡を動かすべき量に変換します。このオフセット
量を OBS が受け取り、今度は望遠鏡制御計算機 TSC に指令します。

付録　すばる望遠鏡観測制御システムの詳細 ｜ 211

一方、観測へのフィードバックを必要としない簡易処理としては、複数の観測データを使って画像較正をしたり、複数足し合わせて天体確認用の質の高い画像を作成したりすることができます。

■OBCとVGWの動作モード

OBC、VGWの動作モードには、独立して動作するLOCALモードとOBS配下で動作するSLAVEモードがあります（「SLAVE」は従属機器の意味）。OBC、VGWは計算機の起動後LOCALモードで立ち上がります。初期化処理後、OBC、VGW側からSLAVEモードに切り替えをおこない、OBSはOBC、VGWが運用可能と判断します。OBC、VGWをSLAVEモードからLOCALモードに切り替える場合は、OBSからのコマンド等の指示によります。ただし、通信やシステム異常のためOBSがOBC、VGWに異常があると判断した場合は、OBSはOBC、VGWがLOCALであると判定します。OBC、VGWはLOCALモード、SLAVEモードにかかわらず、運用モード中はステータスデータの送信が可能です。

■観測制御計算機OBCPの機能

観測装置ごとに1台のOBCPが設置されており、1つのOBCPには観測装置OBE（複数に分かれていることもある）が接続されます。観測装置は日本国内等で製作されており、すばる望遠鏡の元にはOBCPとOBEをあわせて搬入します。OBCPは通常はワークステーションで、OBEはCPU搭載のVMEラックなどです。

観測統合制御計算機OBSでデコードされた抽象化コマンドは、装置依存コマンドとして観測制御計算機OBCPに送られます。OBCPが受け取った装置依存コマンドはOBCP内で解釈され、OBEの制御がおこなわれます。また、大部分のOBCPは独自のユーザーインターフェースを持っており、観測装置制御系に閉じて観測準備や装置試験などをおこなう際に利用されます。

データ取得・解析計算機OBCとOBCPはE-LANと呼ばれる観測装置用高速ネットワークで接続されており、巨大な観測データ（FITSファイル）の転送時間が観測効率に影響を与えないようになっています。OBEもE-LANに接続される場合が多いですが、OBEからOBCPへの画像データの伝送には、別の特殊なインターフェースが使われることもあります。

　上記の機能を提供するために、OBCPには装置開発者用ツールキットが組み込まれます（5.5節参照）。

　観測装置制御用の通信文例は、観測装置FOCAS（微光天体分光撮像装置）の紹介（後段のA.4節）で説明しましょう。

■OBCPの動作モード

　観測装置制御計算機OBCPの動作モードには、装置立ち上げ試験なども考慮してSTAND-ALONE、LOCAL、SLAVE、MASTERの各モードが用意されています。一般にOBS配下に組み込まれている状態はSLAVEモード、透過モード（5.2.2項参照）の場合はMASTERモードとなります。テストのためにOBSとの接続を切り離した状態はLOCALモードです。観測装置をすばる望遠鏡に初めて接続させる場合には、「観測制御システム」と全くインターフェースを取らないSTAND-ALONEモードから始め、接続準備が整い次第LOCALモードに切り替えます。LOCALモードでも、観測装置からステータス情報を「観測制御システム」に送ることや、「観測制御システム」から望遠鏡などのステータス情報を受け取ることは可能です。その後OBSとの接続試験をおこない、SLAVEモード、MASTERモードでの動作となります。

　OBCPはOBCに取得データを送信しますが、データ送信はOBCがSLAVEになっているときには随時可能です。OBCPがSTAND-ALONE、あるいはLOCALモードの場合、取得データの送信は原則としておこないませんが、必要であれば、OBCへのソフトウェア割込で取得データを送信して登録することもできます。

A.3　望遠鏡制御ソフトウェアTSC

　すばる望遠鏡のすばらしい性能を充分に発揮するためには、その頭脳としての制御用計算機群が必須で、頭脳を結ぶ神経として計算機ネットワークが張り巡らされます。

■すばる望遠鏡制御機器の概要

　すばる望遠鏡は、直径8.3mに対して厚さ20cmというごく薄いメニスカス鏡ですので、自重変形を補正するために、261本のロボットの腕で常に鏡面の形状を修正します（2.2.2項参照）。シャック・ハルトマン装置という複眼で星像を定期的に検査し、鏡面形状を測定します。望遠鏡による近赤外域での星像サイズ（回折限界像）は、0.06秒角です。オートガイダーによるトラッキングを加味して、最良（最小）の星像サイズを目指しています。またこの最良の星像を得るためには、時々刻々変化する大気による色分散も補正しなくてはなりません。望遠鏡の一部がドームの中に張り出して、ドームと望遠鏡との隙間は数十cmしかありません。そのため、ドームを望遠鏡に同期させるためには正確なドーム回転制御が必要です。ドーム内空気の温度ムラによる星像の乱れを押さえるための機構も、外部の風速や温度によって制御しなくてはなりません。これらの制御はドームから離れた制御棟からおこなわれますので、遠隔操作が基本となります。図A.2に、すばる望遠鏡の制御機能の配置図を示しました。

■マウナケア山頂は厳しい労働環境

　すばる望遠鏡は巨大で、頻繁に交換される副鏡や観測装置も大きく（副鏡で直径1.3m）、床よりもかなり高いところでの危険な作業が多くなります。そのため装置交換も遠隔操作が求められ、作業の安全性を確保するために、計算機による高度な制御が必要となります。

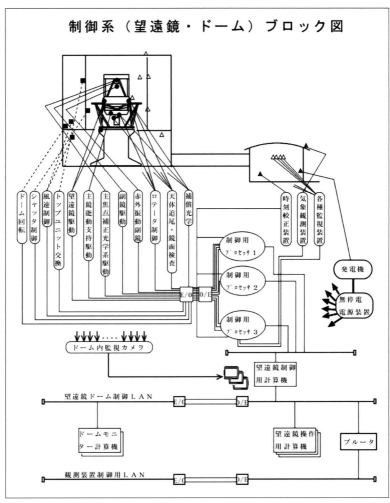

図A.2 すばる望遠鏡の制御機能の配置図

　マウナケア山頂は0.6気圧という低い大気圧であるので、ただでさえ厳しい夜間の観測をさらに過酷にしています。安全で効率的な観測、作業、管理を保障するためには、十分に検討された望遠鏡制御システムを必要とします。

■すばる望遠鏡の多岐にわたる制御項目

すばる望遠鏡の制御項目は多岐にわたります。すばる望遠鏡の制御項目と制御機器をまとめました（表A.2および図A.3）。

表A.2　すばる望遠鏡基本性能

すばる望遠鏡制御機能			
計算機	TSC	TeleScope Control computer	望遠鏡制御を統括する
	TWS1〜3	Telescope control Work Station	望遠鏡制御端末
	MLP1〜3	Mid-Level Processor	個別制御の統括
		MLP1	望遠鏡駆動
		MLP2	主鏡制御
		MLP3	観測補助業務
	DCMON1-3	Maintenance and Operation Management	保守作業
	MLPDPY	MLP Performace Display Computer	保守作業
	MCP2	Maintenace Control Processor 2	保守作業
主鏡制御関連	PMA1〜 PMA261	Primary Mirror Actuator	主鏡アクチュエータ駆動
	PMFXS1〜3	Primary Mirror Fixed Support	主鏡固定点保持機能
	CVCU	Cover Control Unit	主鏡カバー制御
	PMPSR	Primary Mirror Power Supply Rack	主鏡パワー供給
	PMSDU	Primary Mirror Signal Distribution Unit	主鏡シグナル分配機能
	BLCU	Balance Control Unit	バランス制御機能
	HSBC	Hydro-Static Bearing Control	望遠鏡架台油圧制御
	PSCU	S/P-P/S Conversion Unit	シリアル・パラレル変換ユニット
	DCTHRM	Thermal Control	主鏡周辺の日中の温度制御

表A.2　すばる望遠鏡基本性能（続き）

副鏡制御関連	SMCU	Seconday Mirror Control Unit	副鏡制御ユニット
	TTCU	Tip-Tilt Control Unit	ティップ・ティルト副鏡インターフェース
第3鏡部制御関連	TMCU	Tertiary Mirror Control Unit	第3鏡部制御ユニット
焦点光学系制御関連	FRAD	Field Rotator and Atmospheric Dispersion Corrector Control	視野回転・大気分散補正
	FPCI	Focal Position Common Instrument Control	焦点位置制御
	SV	Slit Viewer	スリット監視機能
	AG	Auto-Guider	オートガイダー
	SH	Shack-Hartmann wave-front sensor	シャック・ハルトマン鏡面検査装置
	Cal	Calibration Lamp	較正光源
望遠鏡・ドーム制御関連	MTDR	Telescope Mounting Drive Control	架台駆動
	DRDR	Dome Rotation Drive Control	ドーム回転制御
天候監視	WMON	Weather Monitor	天候監視
時刻装置	NTP	Network Time Protocol	1Hz, 10Hz で時刻供給

　なお、望遠鏡駆動に必要な各種器差補正（協定世界時、原子時、地心力学時、グリニッチ平均恒星時、グリニッチ視恒星時、地方恒星時の算出、歳差、年周視差、年周光行差、章動、日周視差、日周光行差の算出、望遠鏡器差補正、大気差、視野回転角の算出）は、赤外シミュレータの制御ソフトウェア（3.5節）に組み込んで実装テストを終わらせた関数がMLP1〜3に組み込まれています。

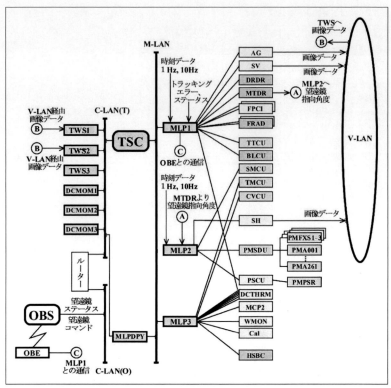

図 A.3 すばる望遠鏡駆動追尾制御ハードウェア接続図。TSC を主制御計算機として端末計算機群 TWS1-3、保守用計算機群 DCMON1-3 が接続されている。観測統合制御計算機 OBS とは C-LAN 経由での接続となる。背景色桃色は計算機関連、青色は望遠鏡制御関連、灰色は主鏡等制御関連、黄色は可視検出器関連、緑色は環境センサーと保守装置関連。右側にある個別の機能は、MLP1-3 で統合されている。画像データは V-LAN で高速転送を確保している。個別の機能の下位にハードウェアを直接制御する制御ボードがある（図 A.4）。個別の機能は本文中に機能説明と略号が説明されている

■TSC の装置依存コマンド電文

望遠鏡を制御するための装置依存コマンドも前述の通り、

EXEC + TSC + 対象機器 + 制御種別=パラメータ（+ …）

（例） EXEC TSC AG_Tracking Motor=ON Calc_Region=1

という形式です。対象機器、制御種別の一覧を表A.3に示します。望遠鏡の装置依存コマンドは、実際にはOBSの中でさらにTSCが解釈できる形式（人間が理解しにくい形式）に変換されてからコマンドとして発行されます。それらをTSCが解釈し、対応するMLPにコマンドを伝送します。MLP1は望遠鏡駆動、MLP2は主鏡、副鏡、第3鏡の鏡関連の制御、MLP3は望遠鏡動作保持機能、というように機能が割り振られています（図A.3参照）。MLPは該当するローカル制御ユニット（図A.4）に命令を送付して制御をおこない、ステータス情報をOBSに送信します。

表A.3　望遠鏡制御用の装置依存コマンド

動詞	動作内容	対象機器	制御種別	パラメータ
EXEC	実行	TelDrive DomeDrive M2Drive_X M3Drive TopUnit M1Cover CellCover M3_Cover DomeShutter WindScreen TopScreen AG SH ADC InsRot ImgRot CalSource DomeFFSource …	MOTOR POSITION MODE READOUT TYPE SPEED …	対象機器ごとに数値パラメータやステータスパラメータが異なります。

付録　すばる望遠鏡観測制御システムの詳細

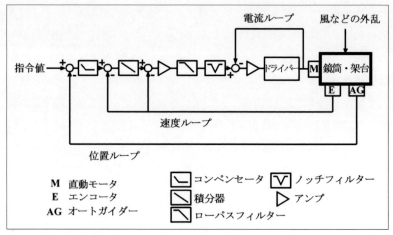

図 A.4 望遠鏡駆動追尾制御は、リアルタイム OS が稼働するローカルプロセッサーを中心とした追尾制御ループで構成されて、複数のモードフィルター、積分器が組み込まれている。制御の基本パラメータは、ローカルプロセッサーの入力値として変更可能

■すばる望遠鏡制御のローカルラックと観測室

すばる望遠鏡を制御するローカルラックの写真は図 A.5 です。制御棟の2階に設置されています。

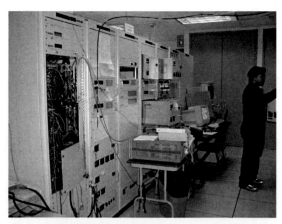

図 A.5 望遠鏡制御用機能を統合する MLP1-3 と個別機能ボードのラック。三菱電機の技術者が調整作業中

制御室のかなりの部分は図A.6のようです。観測者がディスプレイと向き合って観測準備作業を続けています。設計時に描いたポンチ絵（図4.2と図4.3）と見比べてください。

図A.6　すばる観測制御棟で観測準備をする研究者たち。（左から）古澤順子、古澤久徳。一人おいて、小宮山裕

コラム　すばる望遠鏡の運用

　すばる望遠鏡を用いて観測を継続するためには、性能維持のための様々な作業・保守も必要です。数日間ごとに割り当てられている観測プログラムに従って、観測装置の交換、観測焦点に対応した副鏡の交換が必要です。これらは天文台スタッフの日中の作業となります。事前の観測装置の真空引きや冷却の準備も必要です。観測装置の交換は、望遠鏡に装着されている観測装置を自動交換装置で焦点部から取り外し、観測装置待機室に移動して格納します。次に使用予定の観測装置は同様に自動交換装置で観測装置待機室から焦点部に運搬し取り付けます。観測装置交換の初日の夜には、観測装置と望遠鏡の取り付けオフセットを測定し、望遠鏡制御計算機TSCへ反映させます。シャック・ハルトマンによる鏡面形状誤差補正値の算出とミラーアナリシス解析結果の反映が必要です。コンピューターで制御された261本のアクチュエータにより主鏡を裏面から支持することにより、望遠鏡を傾けたときに生じる主鏡の歪みを補正し、常に理想的な形に保たれています（能動光学という）。これらは夜間のすばる望遠鏡オペレータの仕事となります。

　停電、落雷、地震発生、降雪、天候急変、断水、火災発生、高山病発生や急病などの対応については、すばる望遠鏡オペレータの方々の助けが必要です。停電時には計算機類には無停電

電源は用意されていますが、大電力が必要なドームスリット閉鎖、望遠鏡のレスト位置への移動、主鏡カバーの閉鎖作業をする必要があります。

図 AC.1　主鏡面の埃を CO_2 ドライアイスで取り除く。下側の反射面が主鏡面

図 AC.2　1、2年ごとに主鏡アルミ蒸着面の再蒸着をする。白の無塵服を着た作業者と比較すると鏡の大きさがわかる（宮下暁彦撮影）

　主鏡は日中には冷房しています。主鏡が日中の気温で温度が高くなり、夜間に主鏡からの熱のためにドーム内の空気が乱れるのを防ぐためです。また、夜間の観測によって主鏡面に埃が

たまります。埃による反射率の低下を防ぐために、主鏡面の埃をCO_2ドライアイスを吹き付けて綺麗にします（図AC.1）。それでも1、2年用いていると主鏡面の汚れが目立ち、反射率が蒸着直後の90％から75％程度まで下がりますので、主鏡面のアルミ面を除去して新しいアルミ面を蒸着します（図AC.2）。この蒸着期間中は通常の観測はできません。

ハワイは南国にあるとはいえマウナケア山は標高4205mありますので冬期には降雪もあり、必要であれば人力で雪かきもしなくてはなりません。高所なので、なかなかの重労働です（図AC.3）。

図AC.3　ドーム回廊上の雪かき。0.6気圧での作業は大変（佐々木撮影）

A.4　観測装置の制御システム

■微光天体分光撮像装置FOCASとは

すばる望遠鏡カセグレン焦点に装着される微光天体分光撮像装置FOCAS（Faint Object Camera And Spectrograph）は、観測制御システム製作上の装置プロトタイプとして開発され、すばる観測制御ソフトウェアのメンバーがFOCAS開発メンバーにもなっています。FOCAS開発メンバーは家正則、佐々木敏由紀、柏川伸成、吉田道利、小杉城治、関口和

寛らを主力としたメンバーです。装置本体は日本光学で製造されました。FOCASを検討、設計する時期にミュンヘンを訪問し、欧州南天天文台（ESO）のVLT用に製造途中であったFORSを見学し、設計にあたっての議論をしました（図A.7）。

図A.7　微光天体分光撮像装置FOCAS検討時に、欧州南天天文台のVLT用FORSを見学し検討したときの写真。FORS開発研究者と佐々木（関口撮影）

■FOCAS制御ソフトウェア

FOCAS制御ソフトウェアは、分散処理を基本としてUNIX上のRPCで観測装置ローカル制御系との通信をおこなう仕様としています。ハードウェア構成図は図A.8、ソフトウェアプロセス間の接続図は図A.9です。

FOCASの制御ソフトウェアは、中心にControl Engine（CE）があり、OBSから受信したコマンドを各プロセスに送信し、完了応答を確認して、コマンド完了をOBSに返信します。CEで受信したコマンドで装置各部を駆動するときには、望遠鏡カセグレン焦点に装着したFOCAS本体に同架しているVMEラック内のCommand Dispatcher（CD）に指令を送信します。CDはFOCAS制御用内部コマンド（後述の表A.7の抽象化コマンドを変換して、表A.8のLCU命令コードとしたコマンド）をLocal

Control Unit（LCU）ボードにRS-232Cで送信します。LCUボードは、岡山観測所の清水康広製作の市販ワンチップマイコン（日立H8/3048F）を使用した専用ボードです（図3.16参照）。

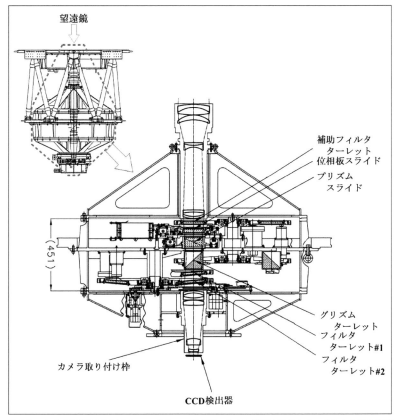

図A.8　すばる望遠鏡FOCASのハードウェア構成図：左上に装置全景がある。その中心部を右下に拡大して光学系部品を示している

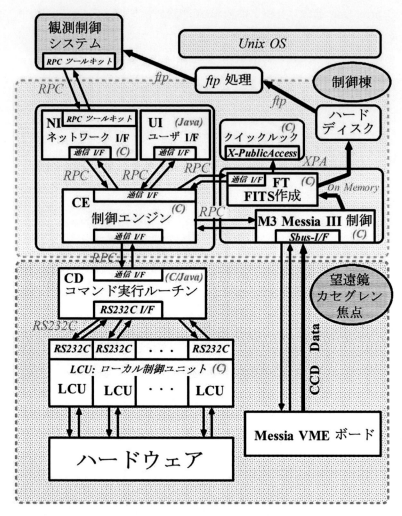

図A.9　FOCASソフトウェアのプロセス間相関図：すばる望遠鏡観測システムからのコマンドは、NIからCEに渡され、各プロセスに転送される。緑色文字で伝送プロトコル、赤字で開発時に使用した言語を示す

■FOCAS制御用内部コマンド電文

観測制御システムとFOCASとの間の通信は、Network Interface（NI）

を経由しておこなわれます。NIには装置開発者用ツールキット（5.5.2項参照）が組み込まれています。User Interface（UI）は、CEから独立したプロセスとして稼働し、GUI上へのFOCASの状態の表示、GUI上の操作によりFOCASの各部の制御をおこないます。NI/UIとは、FOCAS制御用の内部インターフェース規約に基づいてメッセージ交換で接続され、伝送経路にはEthernet（10Mbps）を用いています。CCD制御は国立天文台の関口真木が中心となって開発した専用システムのMessia VMEボードです。CCD操作はMessiaIII（M3）でおこない、取得データはFITS化プロセスFTの中でステータスデータを加味し、ツールキットを利用してFITSファイルにします。FITS化に必要なステータスデータは、FTがCEにリクエストし、望遠鏡などFOCAS以外の情報が必要なときにはCEからNI経由でOBSに問合せが発生します。その後、FITSファイルはE-LAN経由のftp転送により、OBCを通じてアーカイブされます。

■FOCAS制御用プロセスの構成

これらのプロセス作成にあたっては、ソフトウェアのコーディングのしやすさと保守の容易さを考慮して、機能の定義を明確にするとともに構成ソフトウェアのモジュール化を図りました。また、被制御対象（オブジェクト）を整理し、各オブジェクトの取りうるステータスとその範囲、制御動作を規定することによって、制御項目を確定しました。開発にあたっては、オブジェクト指向、モジュール化、ネットワーク分散の実現を目指し、コーディングのしやすさ、保守の容易さ、処理の高速性を考慮して、CとJava言語を使用しました。

■FOCAS制御用オブジェクトとパラメータ

表A.4にFOCAS制御用装置オブジェクトおよびパラメータ設定（一部）を示しました。表A.5にFOCAS制御用内部コマンド（以降、FOCAS内部コマンド）の文法を示しました。先に述べましたように、すばる観

測制御ソフトウェアのメンバーとFOCAS開発メンバーには重なりがあるため、FOCAS内部コマンドの仕様は観測制御システムの装置依存コマンド文法と似通っています。

表A.4 装置オブジェクトおよびパラメータ設定（一部）（注：プロセスID（PID）はFOCASだが、個別にCD、M3、FT、UI、NI、CEも選択可能）

対象オブジェクト	対象パラメータ	単位	省略値	最小値	最大値	コメント
[FOCAS Unit]						
Grism	MOTOR	—	ON	ON,OFF	←	
	SELECT	#	—	0	7	Grism Position
	DIRECTION	—	SHORTEST	FWD, REV, SHORTEST	←	
Filter1	MOTOR	—	ON	ON, OFF		
	SELECT	#	—	0	7	Filter Position
	DIRECTION	—	SHORTEST	FWD, REV, SHORTEST	←	
....						
[FOCAS Exposure]						
Shutter	MOTOR	—	ON	ON, OFF	←	
	SELECT	—	—		←	
	DURATION	sec				
CCD	EXPOSURE	—	ON	ON, OFF	←	OFF= Stop&Read
	DURATION	sec	—	0	100,000	
	MODE	—	—	WIPE, BIAS, DARK, Exp, DomeFF, SkyFF, FF, Comparison	←	
	ADD	#	1	1	10,000	Frame stacking
	FRAME	Frame #	—	0	←	Data Frame #
[FOCAS Stop]						
Cancel	COMMAND	.	Last	Last, All	←	

228　付録　すばる望遠鏡観測制御システムの詳細

表A.5 FOCAS内部コマンドの文法（注：プロセスID（PID）はFOCASだが、個別にCD、M3、FT、UI、NI、CEも選択可能）

制御クラス	FOCAS内部コマンド
実行コマンド	
実行コマンド	exec PID Object *Parameters* *(Parameters の形式は、object.argument=value である)*
システム制御コマンド	
非常停止	exec PID Emergency_stop
プロセス初期化処理	exec PID Initialize
プロセス終了	exec PID Exit
プロセス診断	exec PID Diagnose
認証処理	exec FOCAS Authenticate User=*username* Mode=[Operation | Maintenance]
ステータス処理	
ステータス送信モード設定	set CE Status Keyword= *[KeyworlList|All |Default]* Cycle=*[0|n|Event]*
ステータス要求	require PID Status *Parameters*
ステータス送信	send PID Status *Parameters*
制御優先度処理	
制御優先度要求	require PID Control Priority=*[High|Low |None]*
制御優先度処理	exec PID Control Priority=*[High|Low|None]*
観測モード設定	
観測モード設定	set PID Mode Operation=*[Simulation |Operation|Maintenance]*
制御モード設定	set PID Mode Control=*[Local|Remote]*
環境モード設定	set FOCAS Mode Environment = *[Telescope|Dome|OptSim|RD]*
観測データ取得機能	
観測データフレーム番号取得	exec FOCAS FRAME_NO Mode=Get
観測データフレーム番号送信	exec FOCAS FRAME_NO Mode=Send Frame=*Frame_No*
観測データ送付	exec FOCAS OBS_DATA Mode=Transfer Frame=*FRAME_No*

付録 すばる望遠鏡観測制御システムの詳細 229

表A.6にFOCAS内部コマンド（シーケンス）の具体例（一部）を示しました。観測統合制御計算機OBSで実行される抽象化コマンド（表A.7）は、OBSのデコーダによってFOCASの装置依存コマンドに展開されます。装置依存コマンドはOBSからFOCASのOBCPに送信され、NIでFOCAS内部コマンドに変換されます。これらのFOCAS内部コマンドは、CEによってFOCAS内の各プロセスに送信されます。

FOCAS構成要素の制御は、CEからコマンド実行ルーチンCDに送信されます。CDはローカル制御を受信すると、文法チェックとステータスチェックの後に、ローカル制御文を作成して、Local Control Unit（LCU）に送信します。LCU制御コマンド伝送文は、

命令コード ＋ デバイス番号 ＋ 引数 ＋ 終了記号（LF）

表A.6　FOCAS内部コマンド（シーケンス）の具体例（一部）

(#で始まる場合には、コメント行なので何もしないことになる)
FOCAS コマンドのサンプル(1998-01-27 by T. Sasaki)
#
exec FOCAS Initialize
exec FOCAS Object filter1.select=1 filter2.select=1
exec FOCAS Object grism.select=3 grism.motor=on
#
send OBS STATUS filter1.select=5 filter2.motor=off 　　grism.select=3 grism.motor=on
require FOCAS STATUS filter1.select filter2.motor grism.select 　　grism.motor
require CD STATUS filter1.select filter2.motor grism.select 　　grism.motor
exec FOCAS OBS_DATA MODE=TRANSFER 　　FRAME=FCSA12345678.fits

表A.7 通常観測時に使用される抽象化コマンド（一部）

SetupOBE	観測装置セットアップ（波長調節、フィルター設定、グリズム設定等）
SetupQDAS	簡易画像表示プロセス設定
SetupVGW	ビデオ画像制御プロセス設定
GetOBJECT	通常の天体撮像
GetBIAS	バイアス画像の取得
GetDARK	暗電流画像の取得
GetDOMEFLAT	ドームフラット画像の取得
GetSKYFLAT	スカイおよび薄明画像の取得
GetOBEFLAT	装置内部光源によるフラット画像の取得
GetCOMPARISON	波長比較光源分光画像の取得
GetDISTORTION	装置光学系歪み補正用画像の取得
FocusOBE	観測装置内部フォーカシング（ハルトマンテスト）
SetupFIELD	視野調節、スリットへの天体の合わせ込み、等
ShutdownObservation	観測終了
ShutdownOBE	観測装置終了

です。命令コードは動作指示であり（「表A.8　LCU命令コード表」参照）、デバイス番号は被制御部位を示すもので、モーターとエンコーダのペア、あるいはスイッチ類です。引数は、モーター駆動モード（クイック、アジャスト、スロー、ガイド）、あるいは駆動目標エンコーダ値です。コマンドを順次実行することによって観測操作が継続することになります。

付録　すばる望遠鏡観測制御システムの詳細

表A.8　LCU命令コード表

命令コード	機能
MV	駆動
ST	ステータス読み込み
CA	全コマンドキャンセル
CN	コマンドキャンセル
ER	エラーメッセージ（リプライ用）

A.5　観測手順の最適化の試みースケジューラ開発話

　観測の実行にあたっては、観測目的に従って、撮像観測や分光観測などの観測手法の選択と観測装置の選定が必要です。観測対象となる天体ごとの観測時間や波長域の選択も必要です。天候状況に応じて露出時間の変更にも対応しなくてはなりません。多くの天体に観測の優先度をつけながらこれらの条件の判定を実時間でおこなう上で、観測ソフトウェアに補助機能があれば助かります。望遠鏡の使用効率の最大化にも貢献でき、観測データを較正するための較正データの取得も確実にできます。その実現のために、最良条件下での観測による高精度データの取得と観測成果の最大化を目指した観測スケジュール機能に最適化機能の追加を検討しました。

■ハワイ大学ヒロ分校でのワークショップ

　ハワイ大学ヒロ分校で1995年に、New mode of Observation for 21 Century ワークショップが開かれました。話題は、ソフトウェアや計算機関連にとどまらず、観測所運用方針、科学の成果とその評価の方法まで話し合われました。そこで、すばる望遠鏡での観測制御システムと観測手順最適化の検討を報告しました。我々の概念設計が、このワークショップで報告されていたVLTやGeminiなど、建設中の8mクラス望遠鏡で検討中の設計と同じ方向性を持っており、検討の進捗も同レベルであることに、実現への確信を持ちました。印象的だったのは、機能に幅を持た

せて観測者が選択できるようにして、新しい観測モードの標準化を徐々に進め、観測者のカルチャーに変化を求める議論があったことです。すばるではこのあたりの話の必要性を感じました。自動観測スケジューリングも組み込みを想定していますが、観測スケジューリングの評価をする関数を観測者（スケジュール機能の利用者）が記述できるようなスクリプト機能が必要という話があり、新しいやり方を旧来の観測者にも納得して使ってもらうために、お仕着せでないやり方をサポートすることまで考えている、ということには感心させられました（図 A.10）。

図 A.10　New mode of Observation for 21 Century ワークショップでの集合写真（ハワイ大学ヒロ分校）：ソフトウェア、計算機から、観測所運用方針、科学の成果とその評価の方法まで話し合われた。佐々木、水本、小杉、吉田、成相、河合（富士通）が参加

■観測手順の最適化の検討

　観測手順の最適化に影響を及ぼす要因としては気象、観測条件、観測装置条件、天文学的要件があります（本付録の「コラム　天体観測をおこなう上で必要な項目」を参照）。これらの要因を加味して観測スケジューリングを決めなくてはいけません。

■観測手順最適化ソフトウェア、富士通AXIOMとSTScIのSPIKE

　観測手順最適化のためのソフトウェアとして、すばる観測制御ソフトウェア開発をおこなっていた富士通のAXIOM（Arithmetic eXpressIon-based OptiMizer）とハッブル宇宙望遠鏡HSTで天体観測を効率よくおこなうためにSTScI/NASAで開発されていたSPIKEソフトウェアを候補として検討しました。

　富士通AXIOMを使った初期の配置アルゴリズムで、まずまずの効率が得られました。ただ、全体としての最適化を目指すアルゴリズムなので、個々の天体の配置については適切でない場合も見受けられ、観測天文学者の感覚からは、最適解が得られているのかを評価することに困難を感じました。たとえ数％の誤差でも、長期的に見れば効率劣化を及ぼします。そこで、ローカルな最適化アルゴリズムを持つSPIKE を最終ターゲットとして選択したのです。

　SPIKEはLISPベースのソフトウェアです。ほかのスペースミッションの観測にも用いられていました。また、地上の望遠鏡用にも改造されて、NTT/VLT（ESO）、アパッチポイント天文台、CFHT（マウナケア）などでも用いられていました。今後Geminiも加わる予定とのことでした。NTT/VLT用としては日出・日入対応、月齢判定、大気減光対応を開発者のM. Johnstonがおこなっており、CFHT用としてG.Millerが装置交換を最小とする基準をSPIKEに加えて半年間の観測プログラム配置を試みていました。1995年に家正則とともにSTScIを訪問し、SPIKE開発担当の方々と協議をし、SPIKEの試用をおこないました。

■SPIKEの実際

　SPIKEの使用例としては、LISPコードを入力してSPIKEを起動します。続いて、CLIMウインドウが開かれ、GUI画面での制御となります（表A.9）。AIを用いており、毎回同じ答えが出るわけではありませんでした。数回（10回程度）の実行をして、適当なものを選ぶことが必要で

あり、最終判定は人手でおこなっていました。すばる望遠鏡では自動的に配置することを目指しました。

表 A.9　SPIKE の使用例

```
% clim2xm_composer &
    USER(1): (chdir "/home/SPIKE/SUBARU")
    USER(2): (load "gb-short-term")
    (PLEASE INPUT TARGET FILENAME ==>)
    "spike:gb;gb-subaru.targ"
    (データの読み込み)
        target: G2141+82-R
        target: G2141+82-V
        target: G2141+82-B
        target: G2141+82-U
        target: SUN
        target: MOON
    (def-gb-exposure :name 'G1853+01 :ra 283.4010
        :dec 1.5211 :exp-time 900 :priority 2 :req-seeing 1.50
        :req-sky 0.00)
```

■SPIKE のソースを入手

　SPIKE のソースは配布可能ですが、STScI の了解がいるとのことで、協定を結びました。すばる望遠鏡で考えているスケジューリング機能を紹介したところ、基本的に類似の機能を他の望遠鏡で実現しているとのことでしたので、すばる望遠鏡での観測スケジューリング機能の一部見直しをして、SPIKE ベースの自動観測実現へ向けた検討を開始することにしました。

付録　すばる望遠鏡観測制御システムの詳細 ｜ 235

■SPIKEによる最適なスケジュールの決定基準

SPIKE最適スケジュール機能には、スケジュール決定基準として4基準がありました（表A.10）。割り付けるスケジュールの期間モードには2種類あります。観測プログラムを割り付ける長期間割り付け用（Long Termモード）と、数日の割り付けをおこなう短期間割り付け用（Short Termモード）です。最適解を求めるLISPエンジンは同じもので、実行モードを切り替えて、割り付けるスケジュール期間モードを選択します。

表A.10　SPIKEの最適スケジューリングのモード

Early greedy	なるべく多くのターゲットを観測期間の早い時期にスケジュールする。
Elminc（earliest least min-conflict）	初期スケジュールを推定し、矛盾が少なくなるように修正して解を求める。
Earliest least min conflicts	Early greedyと同様だが、同時にターゲットのconflictをなるべく避けようとする。
Max preference	スケジュールのpreferenceを最大にする。ターゲットは条件の良いところでスケジュールされる（high preference）ので、観測条件は他の方法より良くなる。不利な点は余計な制限が付くため、スケジュールされる天体が少なくなる。

■SPIKEによる長期間スケジュール：Long Termモード

Long Termモードは、長期間（1ヶ月～数年）の観測プログラムを分解能12時間で割り付けます。割り付けには5種類程度の割り付け種別（カテゴリー）があり、任意に選択が可能です。実際に岡山観測所の採択プログラムのデータを模擬的に入力し、装置交換最小の最適配置を試みたところ、問題なく作動し、良い配置ができました。まだSPIKEに実装されていない、週末の機器交換を避けるようなアルゴリズムの組み込みをSTScIのSPIKEチームに要請しました。

■SPIKEによる短期間スケジュール：Short Termモード

Short Termモードは、短期間（数時間～数日）の観測に際し、観測天

体リストから観測順序を決定するものです。地上望遠鏡用に、天体高度の考慮等のアレンジが多少なされていますが、まだまだ機能追加が必要なため、以下の項目の組み込みの可能性と詳細を議論しました。1) 取得データのS/N[1]を考慮すること、すなわち、暗い天体は露出時間を長くしたり、画像のサチュレーションや宇宙線イベントを避けるために露出時間分割をおこない複数フレームを取得すること、2) 較正データの取得もスケジューリングに加えること、3) 複数天体に共通の較正データの整理、観測履歴を考慮すること、4) パラメータのオンライン変更が可能とすること、などです。

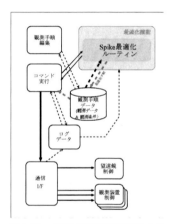

図A.11 すばる望遠鏡観測制御システムとSPIKEを用いた観測スケジュール機能との連携：SPIKE最適化ルーチンの詳細は図A.12を参照

■ SPIKEの観測制御システムへの実装

SPIKEのGUIはそのままでも使えますが、近いうちにTcl/Tkベースに変更するとのことでした。また、SPIKEの外部インターフェースにつ

---

1. S/N は Signal to Noise 比で、天体観測で得られた信号と天体周辺の背景雑音の比である。S/N が 3 で一般的な検出、S/N が 10 以上で充分な検出となる。

付録　すばる望遠鏡観測制御システムの詳細 | 237

いては、HST用にサポートしていたRPCを地上望遠鏡用にも組み込むよう依頼しました。

更新されたSPIKEコードを入手し、すばる望遠鏡観測制御システムに組み込み、観測スケジュール機能と連携を図るようにしました（図A.11）。SPIKE実行プロセスの詳細は図A.12に示しました。

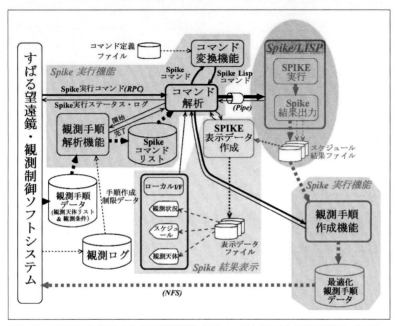

図A.12　SPIKE実行プロセスとすばる観測制御ソフトウェアシステムとの詳細関連図：SPIKEコマンドを受信後、コマンドの解析をおこない、SPIKE用LISPコマンドに変換してSPIKEを動作させる。SPIKE出力はローカルに表示するとともに、観測手順書としてフォーマットし、すばる観測制御ソフトウェアシステムに戻す

観測制御ソフトウェアからSPIKE用の装置依存コマンドを発行してスケジューリング機能を使います。いくつかのユーティリティー関数が装置依存コマンドとして追加されました。1) 観測準備に要する時間計算ルーチン、2) 観測実行時の天体の明るさと観測高度による観測時間推定ルーチン、3) 観測手順書に記述された情報をSpikeEngine（SE）で使え

る形式に変換するルーチン、です。最適化ルーチンSPIKE実行用装置依存コマンド例は、表A.11に示してあります。

表A.11 最適化ルーチンSPIKE実行用装置依存コマンド例（一部）

Long term scheduling

```
exec SPIKE create strategy=LARGEST-TASK-FIRST
        name=LT-Largest-task-first type=Long-term tasks=all
exec SPIKE create strategy=EARLY-GREEDY
        name=LT-Early-Greedy type=Long-term tasks=all
exec SPIKE create strategy=EARLY-LEAST-MINIMAL
        name=LT-Early-least-minimal type=Long-term tasks=all
exec SPIKE create strategy=MAX-PREF name=LT-Max-pref
        type=Long-term tasks=all
exec SPIKE create strategy=HI-PRIOR-MAX-PREF
        name=LT-Hi-prior-max-pref type=Long-term tasks=all
exec SPIKE create strategy=MIN-INSTRUMENT-CHANGE
        name=LT-Min-instrument-change type=Long-term
        tasks=all
```

Short term scheduling

```
exec SPIKE create strategy=LARGEST-TASK-FIRST
        name=ST-Largest-task-first type=Short-term tasks=all
exec SPIKE create strategy=EARLY-GREEDY
        name=ST-Early-Greedy type=Short-term tasks=all
exec SPIKE create strategy=EARLY-LEAST-MINIMAL
        name=ST-Early-least-minimal type=Short-term tasks=all
exec SPIKE create strategy=MAX-PREF name=ST-Max-pref
        type=Short-term tasks=all
exec SPIKE create strategy=HI-PRIOR-MAX-PREF
        name=LT-Hi-prior-max-pref type=Short-term tasks=all
```

■最適化配置のためのパラメータ相関図

　最適化配置のためのパラメータ相関図には、多くの要素が相互に絡み合っています。SPIKEを用いた最適化手順配置機能は、最終的には、1)天体座標、光度、S/N、時刻から必要露出時間を推定すること、2) 長時間露出は複数枚の短時間露出に分割すること、3) 望遠鏡指向駆動時間を判定に組み込むこと、4) 観測の優先度を判定に組み込むこと、を機能として拡張し、観測可能な228天体を3日間に配置するテストをおこないました。最適化手順配置された観測天体の例を示します（図A.13）。

付録　すばる望遠鏡観測制御システムの詳細　239

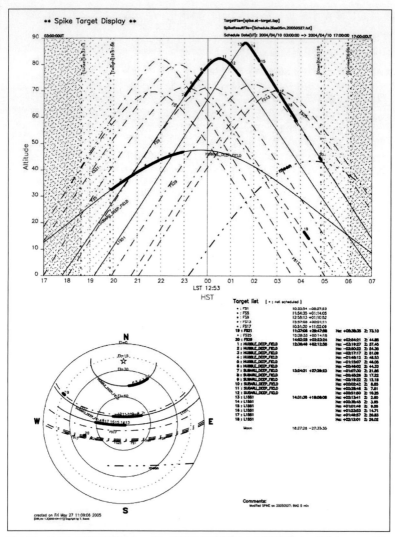

図A.13 （上図）SPIKE最適化ルーチンで最適化手順配置された観測天体を、横軸をハワイ時間、縦軸を高度で表示した図。太線が観測天体。バイアスデータ取得、フラットデータ取得なども配置されているが短時間なので表示上ではわからない。月位置も右端のmoonマークで表示されている。日の出・入り、薄明も縦線で示されている。（左下図）天球上での天体の配置。N近くの星形☆は北極を表している。（右欄）割り付けられた天体リストが示されている

天体配置の効率は、露出時間／最適露出時間で1.011〜1.017が達成できました（完璧配置であれば、1.0となる）。最適化手順配置の副次的効果として、1）観測者個人や観測所としての観測計画、観測プロポーザルのチェック、2）観測者個人の観測順序決定支援、3）観測者個人のミス観測の予防、4）キュー観測時の観測方法決定支援、5）観測所プログラムの割り付け支援、が期待されました。

■SPIKE最適化機能は、しばらくお預けに

　最適化機能は、特にキュー観測や自動観測で効果を発揮するものですが、そのためにはまず望遠鏡や観測装置の特性を知り尽くす必要があります。一方、多くの観測装置開発者にとっては、すばる望遠鏡での観測の経験が不十分であり、技術的な面だけを考えても、キュー観測を試行するまでに少なくとも数年は要するだろうと思っていました。そのため、それぞれの観測装置で観測手法が確立してから、キュー観測に移行する方向になりました。

　なお、AXIOMについては、富士通の河合淳、富士通研究所の原裕貴，太田唯子との共同作業でした。AXIOMの実装テストにあたっては、河合、若林、山本、渡部の諸氏、富士ファコムシステムの樟本豊明にお世話になりました。SPIKEについては、Mark Johnston、Glenn E. Miller、Tony Kruegerの指導の下でRob Hawkinsとの共同改造作業がありました。

コラム　天体観測をおこなう上で必要な項目

　各夜に観測者が観測をするために、観測天体のリスト（赤経、赤緯座標）を用意します。使用する望遠鏡の焦点部の観測装置とそのモード、露出時間を決め、観測波長域、使用するフィルター、分光器であれば中心波長と波長分解能を決めます。観測補助のために、あらかじめ観測天体の近くにガイド星を選定しておくことも必要です。観測中は、晴天の判断や湿度判定、風速による星像乱れの判断が求められます。順次観測を続けるために観測天体の順番も決めておきます。観測データの較正は重要なので、天体観測の前後のダーク取得、較正用ドームフラット測定などは必須です。また比較のために測光標準星、分光標準星、偏光標準星などの観

測も必要です。望遠鏡制御および観測装置制御ソフトウェアでは、これらの操作をわかりやすく観測者に提供するとともに可能な限り自動化を試みています。望遠鏡の状態変化や環境変化に随時対応し、観測者の観測アイデアに基づく変更にも柔軟に対応することが求められます。また、夜間の観測中には、空気の乱れを防ぎ、星像の悪化を防ぐために採用された茶筒型ドームに取り付けられた通風窓の開閉を操作して星像の乱れを押さえます（望遠鏡制御計算機TSCの機能）。

利用可能な較正天体のリストは、すばる望遠鏡のウエブサイトに掲載されています。
https://subarutelescope.org/Observing/index.html

ウエブメニュー"Astronomical Resources"の項目を参照して、測光標準星、分光標準星、偏光標準星の天球座標位置、各色等級、偏光率などのデータを調べることができます。

観測に必要な項目を以下の表AC.1に示しました。最適化スケジュールの試作では、これらの項目を組み込んでの観測手順の作成を試みていました。

表AC.1　観測に必要な項目

●天文学要件	
天体優先順位	→ 天体選択時に観測継続性判定
観測履歴	→ 達成 S/N に基づく観測継続判定
●気象条件	
天候（晴、薄晴、切れ雲、曇）	→ 観測効率（悪条件だと観測完了せず） → 雲を通すとイメージサイズが悪化
天候変化状況	→ 観測効率、イメージサイズに影響
シーイングサイズ	→ イメージサイズ、達成 S/N にも影響
大気の揺らぎ	→ 望遠鏡トラッキング補正より高周波だと イメージサイズに影響
太陽高度	→ 薄明と空の背景光の明るさ
月齢	→ 空の背景光の明るさ
●観測条件	
天体高度（大気減光）	→ 観測効率
天体高度（大気揺らぎ）	→ イメージサイズ、達成 S/N にも影響
天体高度（大気幅射）	→ 達成 S/N にも影響
観測可能時間	→ 観測効率（観測完了しない場合も起こる）
●望遠鏡機器条件	
望遠鏡駆動時間	→ 天体選択時の観測効率
観測装置モード切り替え時間	→ 観測効率
観測装置交換時間	→ 待機装置の種別と準備状況による判定
●観測装置条件	
観測装置スループット	→ 観測効率
観測装置剛性	→ 観測可能時間、イメージサイズ
観測装置特性	→ 観測手法
観測装置内ユニット切り替え時間	→ 観測効率

謝辞

　本書は、渡部潤一国立天文台副台長の「本でも書いてみたら」の一言から始まりました。すばる望遠鏡のソフトウェアを誰がどのように作ったのか国立天文台の中でもほとんど知られていませんでした。そこで、地味で目立たないソフトウェア開発の仕事を広く紹介することも大切ではないかと考えた次第です。

　本書をまとめるにあたり、国立天文台のすばる望遠鏡資料室に保存された資料を参考にしました。国立天文台には特別共同利用研究室（大学の名誉教授室に相当）があります。そこでは、すばる望遠鏡建設の初期から携わった西村史朗、成相恭二、中桐正夫、田中済の諸氏に今でも顔を合わせることがあります。その機会を利用して、4人の方々から資料室の資料ではわからないことについて、貴重な資料をいただき、古い記憶を呼び覚ましていただきました。市川伸一氏には天文情報処理研究会に関連する資料をいただきました。高田唯史氏にはハワイでのSTARSの開発の苦労話を伺いました。

　野口猛さんは、岡山観測所の技術の立ち上げ、木曽観測所の確立に中心的に貢献し、すばる望遠鏡の技術的中心として計算機システム開発も含めて多大な貢献をされました。今は天空の星の1つとなって、すばる望遠鏡の活躍を見守ってくれていると思います。

　最後に、この場をお借りして、本書にお名前の登場する皆様のほか、すばる望遠鏡の建設に携わった全ての関係者の皆様に深謝申し上げます。

著者紹介

水本 好彦 （みずもと よしひこ）

　1951年生まれ。1979年東京工業大学大学院博士課程修了後、東京大学宇宙線研究所研究員、米国ユタ大学物理学科研究員として高エネルギー宇宙線による空気シャワー実験に従事。1985年に富士通（株）入社、東京大学野辺山宇宙電波観測所の電波望遠鏡システムの開発に従事。

　1989年に神戸大学理学部物理学科助教授に就任、高エネルギー宇宙線の観測的研究に従事。1995年に国立天文台助教授となり、すばる望遠鏡のソフトウェア開発に従事。2017年国立天文台を定年退職。

　理学博士、国立天文台名誉教授、総合研究大学院大学名誉教授。

佐々木 敏由紀 （ささき としゆき）

　1949年生まれ。1973年京都大学宇宙物理学科卒業。1985年国立天文台岡山天体物理観測所助手。1993年国立天文台大型望遠鏡推進部（三鷹）に転任し、1997年から助教授となり、ハワイ観測所勤務。

　専門は、銀河天文学。画像処理システム、望遠鏡制御システム、観測装置の開発研究に従事。2007年から西チベットの天体観測サイト調査を行う。2012年ハワイから三鷹に転任し、2015年退職。理学博士。

小杉 城治 （こすぎ じょうじ）

　1964年生まれ。1988年京都大学宇宙物理学科卒業。1995年同大学院修了。1996年国立天文台光赤外線天文学研究系助手。1997年からハワイ観測所勤務。活動天体の観測的天文学研究と観測制御・データ解析システムなどの開発研究に従事。2005年から国立天文台ALMA推進室（現チリ観測所）に准教授として転任し、2008年から日米欧智ALMAコンピューティング統合チームのマネージャー。理学博士。

◎本書スタッフ

アートディレクター/装丁：　岡田 章志＋GY

制作協力：　佐藤 弘文（さとう編集工房）

デジタル編集：　栗原 翔

●お断り

掲載したURLは2018年9月19日現在のものです。サイトの都合で変更されることがあります。また、電子版ではURLにハイパーリンクを設定していますが、端末やビューアー、リンク先のファイルタイプによっては表示されないことがあります。あらかじめご了承ください。

●本書の内容についてのお問い合わせ先

株式会社インプレスR&D　メール窓口

np-info@impress.co.jp

件名に「『本書名』問い合わせ係」と明記してお送りください。

電話やFAX、郵便でのご質問にはお答えできません。返信までには、しばらくお時間をいただく場合があります。なお、本書の範囲を超えるご質問にはお答えしかねますので、あらかじめご了承ください。

また、本書の内容についてはNextPublishingオフィシャルWebサイトにて情報を公開しております。

https://nextpublishing.jp/

■落丁・乱丁本はお手数ですが、インプレスカスタマーセンターまでお送りください。送料弊社負担 にてお取り替えさせていただきます。但し、古書店で購入されたものについてはお取り替えできません。

■読者の窓口
インプレスカスタマーセンター
〒101-0051
東京都千代田区神田神保町一丁目105番地
TEL 03-6837-5016／FAX 03-6837-5023
info@impress.co.jp

■書店／販売店のご注文窓口
株式会社インプレス受注センター
TEL 048-449-8040／FAX 048-449-8041

いま明かされる！すばる望遠鏡ソフトウェアとの熱き闘い
開発に秘められた情熱と現実

2018年10月19日　初版発行Ver.1.0（PDF版）

著　者　水本 好彦
　　　　佐々木 敏由紀
　　　　小杉 城治
編集人　菊地 聡
発行人　井芹 昌信
発　行　株式会社インプレスR&D
　　　　〒101-0051
　　　　東京都千代田区神田神保町一丁目105番地
　　　　https://nextpublishing.jp/
発　売　株式会社インプレス
　　　　〒101-0051　東京都千代田区神田神保町一丁目105番地

●本書は著作権法上の保護を受けています。本書の一部あるいは全部について株式会社インプレスR&Dから文書による許諾を得ずに、いかなる方法においても無断で複写、複製することは禁じられています。

©2018 Yoshihiko Mizumoto, Toshiyuki Sasaki, George Kosugi. All rights reserved.
印刷・製本　京葉流通倉庫株式会社
Printed in Japan

ISBN978-4-8443-9853-0

●本書はNextPublishingメソッドによって発行されています。
NextPublishingメソッドは株式会社インプレスR&Dが開発した、電子書籍と印刷書籍を同時発行できるデジタルファースト型の新出版方式です。https://nextpublishing.jp/